湖北民族大学学术著作出版基金、湖北省教育厅科学技术研究计划青年人才项目"精准扶贫战略下武陵山片区生态补偿问题及对策研究"（Q20181904）、湖北省教育厅人文社会科学研究一般项目"恩施水资源生态补偿制度研究"（16Y110）、湖北民族大学博士启动基金项目"恩施市水资源问题及生态补偿政策研究"（MY2015B028）资助

流域水资源生态补偿制度及效率测度研究

Basin Water Resources Ecological Compensation System and Efficiency Measurement

李秋萍／著

U0225911

经济管理出版社
ECONOMY & MANAGEMENT PUBLISHING HOUSE

图书在版编目（CIP）数据

流域水资源生态补偿制度及效率测度研究/李秋萍著 .—北京：经济管理出版社，2021.6
ISBN 978 - 7 - 5096 - 8081 - 0

Ⅰ.①流…　Ⅱ.①李…　Ⅲ.①流域—水资源管理—生态环境—补偿机制—研究—中国
Ⅳ.①X143

中国版本图书馆 CIP 数据核字（2021）第 120292 号

组稿编辑：赵天宇
责任编辑：赵天宇
责任印制：张莉琼
责任校对：陈　颖

出版发行：经济管理出版社
　　　　　（北京市海淀区北蜂窝 8 号中雅大厦 A 座 11 层　100038）
网　　　址：www. E - mp. com. cn
电　　　话：（010）51915602
印　　　刷：唐山玺诚印务有限公司
经　　　销：新华书店
开　　　本：720mm×1000mm/16
印　　　张：13.25
字　　　数：280 千字
版　　　次：2021 年 6 月第 1 版　　2021 年 6 月第 1 次印刷
书　　　号：ISBN 978 - 7 - 5096 - 8081 - 0
定　　　价：98.00 元

序

2011年"水利"成为中央一号文件的关注焦点，并指出，要建立水利健康可持续发展的制度，以保护水资源和保障河流湖泊不受污染，不仅有效地利用水资源，还要合理地调配水资源，减少洪涝和旱灾。要求建立并实行用水总量控制制度、用水效率控制制度、水功能区限制纳污制度及水资源管理责任与考核制度四项最严格的水资源管理制度。党的十八大对其确立了进一步目标，对水资源节约和集约利用，完善用水总量管理，增强保护水源地的能力，推进水循环利用，完善最严格的水资源管理制度，建立资源有偿使用制度，可以体现水资源的供给和需求状况，建立水资源生态补偿制度，可以反映水资源的生态价值以及代际之间的补偿关系。2016年初，习近平总书记在重庆召开的深入推动长江经济带发展座谈会上强调："当前和今后相当长一个时期，要把修复长江生态环境摆在压倒性位置，共抓大保护，不搞大开发。"可见，无论是国家行政层面，还是科学研究层面，都对"水资源持续高效利用和合理配置"有了一个"紧迫、警觉"的重视。

在借鉴已有研究成果的基础上，从以下三个方面进行了创造性探索：

第一，构建流域水资源生态补偿效率测度指标体系，包括综合效率、社会效率、经济效率、文化效率以及政治效率。流域水资源生态补偿虽然是针对环境保护和利益关系调整的一种政策工具，但其实际影响的不仅是生态和经济，对社会、文化、政治也有不同的影响，五个维度层面的指标体系可以更加全面地反映流域水资源生态补偿实施的效果，为流域水资源生态补偿效率测度提供一种方法。

第二，以长江流域四个节点为例实证分析流域水资源生态补偿效率，并对四个节点城市的流域水资源生态补偿效率进行协调度分析和比较分析。流域的范围一般较为广阔，如果只研究一个点，不能全面反映整个流域的实际情况。另外，流域的上中下游所涉及的生态补偿情况也有差异。所以选择长江流域上中下游的四个节点城市——上游的宜宾市、中上游接合部的宜昌市、中下游接合部的九江市和下游的镇江市为例进行实证分析，比较分析四个节点城市的流域水资源生态补偿效率，并构建分布密度函数分析四个节点城市的流域水资源生态补偿效率的协调度，为流域区域的协同发展研究奠定基础。

第三，提出系统化的流域水资源生态补偿制度优化对策。从流域区域协同发展的角度进行制度优化设计，包括制度要素之间、技术要素之间及制度要素与技术要素之间的协同，又包括多元利益主体的协同、各效率影响因素的协同、跨流域的协同、资源系统与社会系统的协同，最终达到区域间的协同发展。并通过"改革存量利益与发展增量利益"来促成生态补偿中的利益和谐，促进技术要素从"用存量"技术到"扩增量"技术方向发展，促进制度政策要素从"用好存量"制度政策到"扩备增量"制度政策方向发展，从而达到区际间社会系统与自然系统的协同发展。

本书可供资源与环境经济学、生态经济学、环境管理学、公共管理学等专业的教学与科研人员研读，以及相关部门与企业的管理者阅读参考。

本书的编写得到了很多老师、同事和朋友的关心、帮助和指导，在此表示衷心的感谢。

由于作者水平有限，编写时间仓促，所以书中错误和不足之处在所难免，恳请广大读者批评指正。

李秋萍

2020 年 12 月

前　言

　　随着中国经济的快速发展，社会经济发展的瓶颈之一就是生态环境问题。如果不加控制地攫取和污染，就会导致水生态环境不能自我恢复、自我平衡。供不应求是中国水资源的现状，水资源的承载力十分有限。目前，全球普遍缺水且污染严重，为了解决这一问题，提出了流域水资源生态补偿，目的是促进区域协同发展及社会公平，保障水质水量，激发居民保护水资源的热情，采取经济措施和行政手段，对水资源保护和利用的各方利益进行调整或重新分配。流域水资源生态补偿作为流域水资源保护和生态环境建设行为的一种利益驱动机制、鼓励机制和协调机制，其实施效果对流域经济发展和环境保护具有重要意义。以流域水资源生态补偿为研究对象，对其补偿效率进行测度，在此基础上发掘现有流域水资源生态补偿制度的不足，分析中国流域水资源生态补偿制度的需求，提出促进流域区域协调平衡发展的对策。

　　在回顾中国流域水资源生态补偿制度、对补偿实践进行分析的基础上，构建补偿效率测度指标体系，并以长江流域为例进行实证研究，选取长江流域上中下游的四个节点城市——宜宾市、宜昌市、九江市和镇江市进行流域水资源生态补偿效率测度，分别测度出综合效率、社会效率、经济效率、生态效率、文化效率和政治效率，进行比较分析，并构建四个节点城市流域水资源生态补偿效率协调度函数，分析它们之间的协调度。在此基础上探索现有补偿政策、法律制度等进一步的修复措施及优化设计。

在借鉴已有研究成果的基础上，从以下三个方面进行了创造性探索：

第一，构建流域水资源生态补偿效率测度指标体系，包括综合效率、社会效率、经济效率、文化效率以及政治效率。流域水资源生态补偿虽然是针对环境保护和利益关系调整的一种政策工具，但其实际影响的不只是生态和经济，对社会、文化、政治都有不同的影响，五个维度层面的指标体系可以更加全面地反映流域水资源生态补偿实施的效果，为流域水资源生态补偿效率测度提供一种方法。

第二，以长江流域四节点为例实证分析流域水资源生态补偿效率，并对四节点城市的流域水资源生态补偿效率进行协调度分析和比较分析。流域的范围一般较为广阔，如果只研究一个点，则不能全面反映整个流域的实际情况。另外，流域的上中下游所涉及的生态补偿情况也有差异。所以选择长江流域上中下游的四个节点城市——上游的宜宾市、中上游接合部的宜昌市、中下游接合部的九江市和下游的镇江市为例进行实证分析，比较分析四个节点城市的流域水资源生态补偿效率，并构建分布密度函数分析四个节点城市的流域水资源生态补偿效率的协调度，为流域区域的协同发展研究奠定基础。

第三，提出系统化的流域水资源生态补偿制度优化对策。从流域区域协同发展的角度进行制度优化设计，不仅包括制度要素之间、技术要素之间及制度要素与技术要素之间的协同，还包括多元利益主体的协同、各效率影响因素的协同、跨流域的协同、资源系统与社会系统的协同，最终达到区域间的协同发展。并通过"改革存量利益与发展增量利益"来促成生态补偿中的利益和谐，促进技术要素从"用存量"技术到"扩增量"技术方向发展，促进制度政策要素从"用好存量"制度政策到"扩备增量"制度政策方向发展，从而最终达到区际间社会系统与自然系统的协同发展。

在研究的基础上，得出以下结论：

第一，中国流域水资源生态补偿未来的政策需求就是流域水资源生态补偿法制化、市场化、系统化、民主化、协同化。因为目前存在的主要问题包括流域水资源生态补偿法律供给不足，流域水资源生态补偿市场机制不健全，水资源生态补偿流域区域发展不协调，公众对流域水资源生态补偿的参与程度低，流域水资源生态补偿资金来源比较单一。

第二，流域水资源生态补偿的作用还有很大的提升空间，但是要更加注重流域协同发展和五元协同发展。经过实证分析得出，2005~2012 年长江流域四个节点城市的水资源生态补偿效率大体呈上升趋势，在五个维度层面中，生态效率最高，文化效率和政治效率相对较低。2012 年宜宾市、宜昌市、九江市和镇江市的流域水资源生态补偿效率分别为 0.237515、0.380154、0.348089 和 0.448914，效率值偏低，这说明长江流域水资源生态补偿的作用还有很大的提升空间。并且四个节点城市流域水资源生态补偿效率的协调度在 0.5 左右，表明协调度较低。未来的政策需求是注重流域区域协同发展及五元协同发展。

第三，基于以上研究，从流域协同发展的角度提出制度要素协同、技术要素协同、制度与技术要素的协同、多元利益主体协同等对策，最终达到社会系统与自然系统的协同发展。主要包括：出台国家层面的流域水资源生态补偿立法、建立统一协调的流域水资源生态补偿管理机构、建立流域水资源生态补偿市场机制、建立流域上下游协商平台和仲裁制度、改革流域水资源生态补偿金融制度、推广生态节水技术的应用、根据流域的差异性实行不同的补偿方式组合、发挥社区在流域水资源生态补偿中的载体作用、发挥农民的主体性作用注重农民权益保护、注重流域生态保护工程建设的延续性。最终使流域水资源生态补偿这一利益机制达到一种"利益和谐"的可持续协同发展。

在以后的研究中，随着中国流域水资源生态补偿制度的不断完善，流域水资源生态补偿效率测度指标体系也需要不断完善。在新制度的执行中会遇到不同的问题，也需要去分析解决，使制度不断完善，以促进流域的健康持续协同发展。

目　录

第一章　导论

　　流域上下游是一个共同体，既包括利益也包括生态，因为水资源是具有流动性的。人们对水资源利用要求保质保量。国家拥有水资源所有权，这是《中华人民共和国宪法》和《中华人民共和国水法》的规定，这些权利具体包括占有权、使用权、收益权及处分权，但是，居民只是享有使用权。对于保护水资源的责任，流域内单位和个人都有。但在实际情况中，由于地理位置的差异承担的义务责任不同。水源区等上游地区对于环境的保护具有重大的影响，因为水源上游地区的环境会影响水资源在下游的利用。会产生以下情况：上游地区执行严格的环境保护措施和标准，环境保护责任和义务更加重大，也会失去很多机会发展经济，因为更高的环境准入门槛对于产业来说更加苛刻，另外，下游地区可以利用良好的水资源，无偿占有了上游地区进行水资源环境保护的溢出效应，上游和下游之间的利益分配出现不平衡现象，包括经济利益和生态利益，因为上游地区面临经济损失，可能不会采取严格的环境保护措施，那么会出现公地悲剧现象。

　　中国近1/3的国土面积分布在十大流域水域区内，包括数千条大小不等的河流。许多流域的生态环境保护都面临着经济与环境利益分配不平衡问题，中国环境保护和区域协调发展也受到了严重阻碍。

第一节　研究背景、目的及意义

一、研究背景

2015 年 4 月 16 日，中华人民共和国国务院印发《水污染防治行动计划》的通知，以改善水环境质量为核心，按照"节水优先、空间均衡、系统治理、两手发力"原则，贯彻"安全、清洁、健康"方针，强化源头控制，水陆统筹、河海兼顾，对江河湖海实施分流域、分区域、分阶段科学治理，系统推进水污染防治、水生态保护和水资源管理。目前经济发展和人口剧增，水循环系统也产生了变化，这是因为水资源受人类活动的影响巨大，并且受到全球气候变化的作用。水灾事件突发较多，水资源生态环境恶化，水量减少，水质下降（王刚等，2011），人类正面临着深刻的水危机和水生态危机。因为居民生产生活和环境变迁，有必要重新考虑和利用水资源。2011 年"水利"成为中央一号文件的焦点，并指出，要建立水利健康可持续发展的制度，以保障水资源和河流湖泊不受污染，有效地利用水资源，还要合理调配水资源，并且减少洪涝和旱灾。要求建立并实行用水总量控制制度、用水效率控制制度、水功能区限制纳污制度及水资源管理责任与考核制度四项最严格的水资源管理制度。党的十八大对其确立了进一步目标，对水资源节约和集约利用，完善用水总量管理，增强保护水源地的能力，推进水循环利用，完善最严格的水资源管理制度，建立资源有偿使用制度，可以体现水资源的供给和需求状况，建立水资源生态补偿制度，可以反映水资源的生态价值以及代际之间的补偿关系。可见，无论是国家行政层面，还是科学研究层面，都对"水资源持续高效利用和合理配置"有了一个更高程度的重视。

虽然地球水资源总量大，但可供人们利用的淡水资源并不多，海洋占水资源总量的 96.57%，淡水仅占水资源总量的 3.43%，而且在淡水中冰川和永久冰雪覆盖的不易被利用的水占 3.43%，早在 1972 年联合国人类环境会议和 1997 年联合国水事会议就向全世界发出警告：水短缺是世界性难题，近年来，先后有 26 个联合国机构参与解决这一难题，近几年召开了数以百计的水问题国际会议。170 多个国家和地区参加的里约热内卢联合国环境与发展大会上的《21 世纪议程》中也表明水对人类的巨大意义。2002 年发布了《全球环境展望》，也表明现在人类正在面临的水难题。同年，在南非举行的会议上，提出的世界性课题之首也是水的问题。

国务院对于《长江流域综合规划（2012 - 2030 年)》的批复明确提出完善水资源综合利用、水资源与水生态环境保护、流域综合管理体系的目标。长江是中国第一长河，横跨中国东中西部。干流流经 11 个省、自治区、直辖市，流域支流延展至 8 个省、自治区。长江干流全长 6300 余千米，流域总面积 180 余万平方千米，占中国总面积的 18.8%，人口覆盖约 4.8×10^8 人，超过全国总人口的 1/3。在整个流域中，上中下游其实是一个整体，因为水资源是具有流动性的，这就需要对水资源优化配置进行全方位的调控。同时水资源也是长江流域生态系统的重要控制性因素，长江流域生态系统是以水资源为纽带的平衡系统。本书以长江流域水资源生态补偿为研究对象，具有重大的现实意义，《长江流域综合规划（2012 - 2030 年)》也提出了完善流域防洪减灾、水资源综合利用、水资源与水生态环境保护、流域综合管理体系的目标。

目前，中国长江流域省界水体 208 个水质监测断面已实现了全覆盖监测，为科学评估长江流域水资源生态系统服务功能价值提供重要契机。中国长江流域省界水体 208 个水质监测断面已实现了全覆盖监测将有利于多类别水文数据的收集，"全覆盖监测"也为数据的代表性和可靠性提供更大的保证，能有效促进流域与区域的水资源监控能力的整体提高，实现流域机构与省区水环境监测的共享和共赢。

二、研究目的

通过对现有流域水资源生态补偿相关制度进行梳理，分析流域水资源生态补偿具体举措，找出存在的问题。通过构建系统全面的效率测度指标体系，对流域不同节点的水资源生态补偿效率进行测度，并进行比较分析和协调度分析，完善流域水资源生态补偿制度，促进流域协同发展。

三、研究意义

小康社会全面建设的任务之一就是建立和谐社会，有两个重点：一方面是人与自然之间和谐，另一方面是社会的公平和正义。实施生态补偿满足了这两点要求。中国的很多河流的上游基本上是水源保护区，同时也是贫困地区，经济发展滞后，基础设施建设也较为落后。上游为了保障下游水资源供应，做出了很大的牺牲，如对水资源有污染的企业不能营业，对水土保持有影响的产业也不能发展。下游地区发展的限制条件较少，所以经济发展水平比上游高很多。因此，科学合理建立流域水资源生态补偿制度是解决上下游经济社会发展不平衡、实现流域水资源保护环境目标、建设和谐社会的迫切需要。

生态补偿作为一种将外在的、非市场环境价值转为对当地生态系统服务功能提供者的财政激励引起了世界关注，20 世纪 90 年代，美国纽约市流域水资源保护规划中开始使用生态补偿这一概念。生态补偿是为了达到最好的环境效应，但会受到资金等条件的限制（Alix – Carcia et al. , 2008），那么生态补偿项目究竟在多大程度上满足交易双方的目标？能够确保买来的生态系统服务改善原来的境况吗？生态补偿项目的健康实施受到补偿的效果的影响，所以这些问题都涉及一个关键的对象——效率的测度。

本书拟构建流域水资源生态补偿效率测度指标体系，并以长江流域为例进行实证研究，选取长江流域上中下游的四个节点城市进行流域水资源生态补偿效率测度，分别测度出综合效率、社会效率、经济效率、生态效率、文化效率和政治效率，并构建四个节点城市流域水资源生态补偿效率协调度函数，分析它们之间的协调度。在此基础上探索现有补偿政策、法律制度等进一步的修复措施及优化设计，对于实现长江流域水资源综合利用、水资源与水生态环境保护、流域区域协同发展及利益和谐目标有极其巨大的理论和实践意义。有利于调节流域社会公平，实现流域内人与自然和谐相处。

本书对中国流域水资源生态补偿效率分析，找出影响因素，对于进一步寻求提高补偿效率的科学方法提供理论依据，促使有限的补偿得到高效率的利用，有利于和谐社会的构建，对于资源的高效利用，加快实施主体功能区战略和优化国土空间开发布局提供决策依据和技术支撑。

进一步优化相关流域水资源生态补偿政策、法律制度设计，使流域水资源生态补偿制度释放制度红利并彰显福利效应，为开展流域立法研究、涉水事务管理和执法监督机制以及严格水资源管理制度及相关政策制定提供重要参考，提高相关流域水资源补偿政策和制度的针对性、前瞻性和有效性。

国际上对于流域水资源生态补偿的相关理论与实践研究视角已逐步扩大并运用到国际层面，紧跟国际环境问题或相关理论研究趋势和动向，为未来可能的国际环境问题谈判提供理论、技术支撑与储备，为中国生态环境保护争取更多的资金来源，促进我国水资源保护的国际可持续性。

第二节　相关概念的界定

一、流域

流域（River Basin）是一个天然的集水单元。从地理视角来看，流域是指从河流（湖泊）的源头到河口，由分水线所包围的地面集水区域和地下集水区域的综合。流域是地球上最重要、最复杂的自然生态系统之一，孕育并滋养了世界上绝大多数的动植物种类。同时，流域还是一个以水为核心，并由水、土地、资源、人和其他生物等各类自然要素与社会、经济等人文要素组成的环境经济复合系统（冯慧娟等，2010）。流域所承载的功能很多，并且都与流域水资源发生直接或间接的联系。根据《中华人民共和国水法》，国家对水资源实行流域管理与区域管理相结合的管理体制。流域特别是流域中的水资源对于人类的生存和经济社会的可持续发展起着至关重要的作用。随着人们对流域水资源认识和理解的不断加深，水被视为一种基础性的自然资源和战略性的经济资源，成为维系流域生态环境和经济社会系统可持续发展的关键因素。

伴随着社会工农业的快速发展、人口的急速增长，人们对流域特别是流域水资源的需求不断增长，导致流域水资源短缺、流域生态环境恶化和水资源污染等一系列问题。在中国，这一现象尤为突出，水资源短缺已经成为制约国民经济和社会发展的最大瓶颈（唐润等，2011）。面对日益枯竭的流域水资源及工农业发展对流域造成的严重污染，实现流域水资源的有效保护、科学管理和可持续利用，成为世界各国共同面临的课题。

二、流域水资源

随着时代的发展和社会的进步，"水资源"的内涵也在不断丰富和完善。从广义上来说，水资源是指人类能够直接或间接使用的各种水中的物质，对人类的生产生活具有使用价值和经济价值。从狭义上来说，水资源是指在一定的经济技术条件下可供人类直接利用的淡水，即与人类生活、生产活动，以及社会进步息息相关的淡水资源。流域水资源的开发利用受经济技术和流域沿岸地区社会发展水平等条件制约。由于人们从不同的角度认识和体会水资源的含义，中外研究者对水资源概念在理解上并不一致，产生了一定的差异性。联合

国教育、科学及文化组织对水资源的定义为："可利用或可能被利用的水源应
具有足够的数量和可用的质量，使其可以在某一地点满足某种用途而能够被利
用。"根据这一定义可以判断出，水资源作为自然资源的核心要素是水量和水
质，即相对有限的水资源因为人类需求的不断增长和污染的加剧，以水量和水
质为具体指标的水资源的稀缺性更加突出。所以，以水量和水质的核心要素就
构成了流域水资源的一般商品属性。目前可供人类利用的水资源绝大多数都蕴
藏在各类流域之中。流域中的水资源是维系流域自然生态系统和环境经济复合
系统并维持其正常运行的核心要素。同时流域水资源也是人类生存与经济社会
不可或缺的自然资源和经济资源，具有不可替代性。所以，流域水资源是一种
同时具有自然属性、社会属性、组织属性等多重属性的自然资源（陈家琦等，
2002）。随着人类经济社会的快速发展，流域水资源作为一种自然资源，其稀
缺性的特点越来越显著，这是由于流域内的水资源的绝对量相对于人们日益增
长的需求而言是有限的。另外，由于污染的加剧和流域生态环境的恶化，流域
可供人类使用的水资源数量相对减少。从广义上讲，流域水资源既是一种自然
资源也是一种公共资源，具有典型的公共物品属性。自然资源的公共物品属性
是其自然属性的延伸，也是人类活动的结果。流域中的水资源作为一种自然资
源，是流域环境经济复合系统中占据核心地位的自然资源，带有很强的正外部
性。流域水资源的外部性指的是流域内相关主体对流域水资源的过度使用和消
耗，导致该流域在未来可提供的水资源质量和绝对数量出现下降，造成单位水
资源成本的不断上升而导致的外部效应。流域水资源外部性具体表现为取水成
本与流域水资源存量的外部性、流域生态保护与水利设施投资的外部性等。流
域水资源的非排他性是指流域中每个人对流域水资源的使用都不能排斥其他人
对水资源的使用，流域内的所有涉水主体都受到自身利益最大化的理性驱动，
而非排他性地使用流域水资源其中就包括随意取水以及向水体中排放各种污染
物等行为。因为难以明确界定各相关主体的责任和义务，所以只会不断加剧流

域水资源的污染和枯竭。

三、生态补偿制度

国际上关于生态补偿的阐述主要是为环境服务进行付费（Payment for Environmental Services，PES），环境服务付费的概念首先重点关注生态系统服务的提供。Wunder（2005）将环境服务付费定义为，环境服务供给方能够可靠地提供明确的环境服务的前提下，环境服务供需双方的自愿交易。环境服务付费概念的另一个特征是明确区分了公平与效率，并更加关注效率的提升。环境服务付费首先被视为一种提高自然资源管理效率的工具；缓解贫困、促进公平仅被作为环境服务付费的副效应，并不是必需的（Pagiola et al.，2008）。在本书中，生态补偿制度界定为：为了保护生态环境和调节相关主体利益关系的一系列手段、安排及措施，包括经济手段和行政手段、政策法规及国家生态工程。

四、流域水资源生态补偿制度

综合国内外学者的基本观点，流域生态补偿（River Basin Ecological Compensation）是让水资源的受益者付费，内部化生态保护的外部性（刘世强，2011）。在本书中，流域水资源生态补偿制度界定为：为了保护流域水资源生态环境、促进水资源的有效利用及保质保量的持续供给、调节流域上中下游相关主体利益关系的一系列手段、政策和措施，包括经济手段和行政手段、政策法规及国家生态工程。

五、流域水资源生态补偿效率

简单来说，效率是成本和收益的一个比值。李云驹等（2011）把生态效率定义为单位面积的生态补偿标准和单位面积的生态服务功能的比值。也有学者认为生态补偿效率主要取决于新增的生态系统服务功能的供给情况（可称为社会赢利）和参与人的私人收益情况（可称为私人赢利），在此视角下，生态补偿的效率分析就是对生态系统服务功能的提供者的个人收益与生态补偿后生态系统服务功能价值之间进行损益比较（Xu et al.，2008）。

本书将流域水资源生态补偿效率界定为：流域水资源生态补偿效率通过成本和收益来衡量，可以反映补偿的实施效果。但流域水资源生态补偿涉及范围较广，所产生的效益不仅是生态和经济方面，还影响社会、文化及政治方面，其投入与产出很难用一个比值来衡量。因此，本书中的流域水资源生态补偿效率指综合效率，综合效率从社会效率、经济效率、生态效率、文化效率和政治效率五个方面来衡量。

第三节　国内外研究现状与发展动态分析

生态补偿是当前理论界的一个热门研究领域。德国和美国最早实施了相关政策，有利于环境保护。

一、生态补偿相关研究现状及发展动态分析

1. 中国生态系统服务研究

生态系统作为一个有组织的功能单位，为人类生活提供各种各样的产品和服务。随着人口的快速增长和自然资源的过度利用，对于生态系统服务的需求超过了生态系统的提供能力（Bennett et al.，2005），人们提高一些服务的生产，往往却是以损害他人利益为代价（Jackson et al.，2001）。如果对于生态系统服务没有充分的认识和保护，人类变迁将使生态系统严重恶化。

在中国生态学历史的早期阶段，人们已经知道和记载自然给予的福利。先

秦时期，人们对于森林生态系统的水土保持功能有了初步的认识，这也为后来的太平盛世埋下伏笔。在中国古代，人们在河流的两岸都种植树木，减缓河床侵蚀。中国许多古代文献，如《吕氏春秋》《农政全书》《齐民要术》都记录了对于生态系统服务的初始认识。虽然在这个时期人们对于生态系统服务的认知和实践比较简单，但不同形式的科学研究为生态系统服务研究打下了坚实的基础。后来一段时期内，人们在观察研究森林和水源之间起到了相互影响的作用。在20世纪20年代，中国的科学家研究了森林对山东省的崂山和山西省的五台山的径流和沉积物的影响。1962年，也有学者对森林对长江流域的年径流的影响进行了研究，结果显示：高森林覆盖率的流域比低森林覆盖率和没有森林覆盖的流域产生更多的河径流。为了更好地研究，在20世纪50~60年代，成立了几家森林生态系统实验站，对于中国早期森林和水源关系的研究作出了贡献。早在20世纪50年代，在中国东北平原已经建立了农田防护林，有些防护林已经有半个世纪的历史了。在三北防护林建设的第一阶段和第二阶段，开始于1978年的防护林的建设速度加快。之后，长期生态研究工作站和网络被引入中国的长期森林生态系统研究中，如联合国陆地生态系统监测网络（Terrestrial Ecosystem Monitoring Sites，TEMS）、美国长期生态学研究网络（United States Long Term Ecological Research Network，USLTER）。1988年，在中国政府和世界银行贷款的帮助下，建立了中国生态系统研究网络（Chinese Ecosystem Research Network，CERN），这是国际长期生态系统研究网（International Long Term Ecosystem Research Network，ILTER）和全球陆地观测系统（Global Terrestrial Observation System，GTOS）的创办成员之一。中国生态系统研究网络包括36个实地调研站、5个学科中心和1个综合中心，涵盖多种生态系统，如农业、森林、草地、水资源等。20世纪50年代末期，建立了中国森林生态系统定位研究网络（Chinese Forest Ecosystem Research Network，CFERN），由中国国家林业局科技司管理。这两个网络的观测点积累了大量的数据，用于研究生物体和环境之间的复杂关系，并为中国生态系统研究提供了大量研究素材。在过去 20 年，生态系统服务研究变成调查研究的重要领域。在 20 世纪 80 年代，很多中国学者尝试评估森林生态系统服务的经济价值。1999 年，在生态功能分析的基础上，学者对中国陆地生态系统服务及其间接经济价值进行评估，结果显示：物质生产、固定二氧化碳、释放氧气、营养循环、土壤保护、持水量、净化环境的经济价值达 304900 亿。

中国拥有北半球所有的生态系统类型，包括森林、草地、沙漠、湿地、海岸、海洋及农田，这些生态系统在提高中国人民的生活水平中发挥了重要作用。但是生态系统的价值总是被低估，因为生态价值不能直接在传统市场上反映出来。由于对生态系统服务缺乏了解，造成在相当长的时期内中国自然资源被过度开发。而生态评估可以帮助资源管理者评价市场失灵的影响，根据损失的经济收益来衡量他们对于社会付出的成本。所以，很多环保主义者试图利用生态系统服务评估来纠正人们的悲观态度。另外，生态系统服务评估已经成为评估自然系统提供的多种福利的有效方法。目前，中国的生态系统服务研究已经大大提高了公众意识。

近年来，大量的生态系统服务研究显示生态系统的生态价值或环境价值常常是其市场价值的几倍，那么生态补偿机制逐步作为处理生态保护和环境问题的工具。

2. 国外生态补偿机制发展及实践

在发达国家，生态补偿机制建立在先进的公共财政体制之上，并通过补贴政策和财政转移支付来实现。在美国农业环境政策下，有三种类型的生态补偿项目：①自发的、以激励为基础的项目（Environmental Quality Incentives Program，环境质量激励计划；Wildlife Habitat Incentive Program，野生动物栖息地计划；Wetlands Reserve Program，湿地恢复项目；Conservation Reserve Program，环保休耕计划；Conservation Security Program，保护安全计划）。②监管项目

（Clean Air Act，清洁空气法案；Clean Water Act，清洁水法案；Endangered Species Act，濒危物种法案）。③交叉达标项目（Conservation Compliance，Sodbuster and Swampbuster），这个主要集中在水土保持补偿方面。

在发展中国家，生态补偿项目的资金一般由发达国家和国际基金来提供，基于环境保护和经济发展之间的平衡。例如，综合保护和发展项目（Integrated Conservationand Development Project）是亚非洲很多国家生态补偿项目的主体。拉丁美洲国家流域服务的生态补偿，包括哥斯达黎加、厄瓜多尔、哥伦比亚、墨西哥和巴西等。哥斯达黎加在1995年初开始实施生态补偿计划，在全球范围内成为环境服务补偿计划的先锋（Pagiola et al.，2005）。但是由于环境保护和经济发展需要之间的冲突，生态补偿计划没有取得很多成果。如经济增长使人们更加需要高品质的生活，这就使自然资源的开发和利用扩大。另外，生态补偿的经济计划可能导致对自然资源的过度开发和利用，这就增加了不必要的环境损坏，并加剧了自然资源的枯竭。

二、流域水资源生态补偿相关研究现状及发展动态分析

1. 国外学者对流域水资源生态补偿相关研究现状及发展动态分析

目前国外学者对流域水资源生态补偿的研究多集中于流域水资源生态系统服务功能和价值及其评估、对流域水资源优化合理配置及保护方式的探索、流域生态补偿标准的计量界定、流域水资源补偿理论基础及运行机制分析等方面展开研究（Young & Collier，2009）。

（1）流域水资源生态系统服务功能和价值及其评估方面：流域水资源可以提供多种生态服务功能，但对其生态服务功能的评估主要集中在对于河流生态系统的休闲娱乐功能。有学者通过计量模型估算出水在娱乐方面的价值为25～30美元/平方千米，接着实证分析美国田纳西州（Tennessee）流域、Snake河Hells峡谷、科罗拉多州Calapoudre河、新墨西哥州Chama、亚利桑那州 Aravaipa 峡谷野生动物保护区、北卡罗来纳水库等河流的径流和水质等变化对河流休闲娱乐功能（诸如：水库的河上泛舟和垂钓等娱乐活动）的影响（Young & Collier，2009）。自 70 年代起，美国、澳大利亚、加拿大、丹麦、芬兰、德国、希腊、墨西哥、荷兰、挪威、西班牙、瑞士等国就开始征收排污费来补偿水环境价值的损耗（赵春光，2008），80 年代中期以后，世界上已有美国、加拿大、荷兰、德国等 20 多个国家的政府和科研机构开始加紧对流域水资源价值核算的理论方法进行探索，并对水资源价值的补偿提出了具体的措施。

（2）流域水资源保护方式方面：通常将其分为水质、水量、洪水控制三方面的保护（Tang et al.，2012）。在实践中，庇古手段确实有效，因其对流域水资源、水环境污染行为进行收费时并非完全为了生态目的，但实际却产生了生态效果。在科斯手段运用时，为了减少出现水资源受到破坏的情况，国家拥有水资源所有权，而私人拥有其经营权。

（3）流域生态补偿机制方面：要阐述清楚流域水资源生态补偿机制问题，就必须了解流域水资源生态补偿的内在逻辑。当供给者采用有利于水资源环境的行为方式时，获得的收益会低于其自行的行为方式（如土地本来的利用方式为牧场而获得的收益）（见图 1-1），但由于生态服务价值的增加使得社会净效益增加，而这些无法通过市场交易实现。如果建立流域生态补偿制度，使得生态服务提供者得到一定的补偿，如图 1-1 右边矩形所示，这时生态服务功能提供者将获得本身有利于生态环境行为方式的收益加上收益对象支付的生态有偿服务（Pagiola，2005）。

此时，这种流域生态补偿制度还需要一个管理机构，从收益对象（见图 1-2 左边椭圆）征收费用，通过支付机制分配给生态服务功能的提供者（见图 1-2 右边椭圆），这种支付将激励生态服务功能提供者不断地进行有利于生态环境的修复或改进的行为，从而使生态服务持续供给，使受益者获益。自发组织的私人贸易在国外特殊区域广泛存在，由于市场化程度及其操作的灵活便利性，成为资源利用和环境保护制度创新的"另一扇窗"。美国的污染信贷交易及澳大利亚的蒸发蒸腾信贷是以政府和公共部分事先确定了某项资源的环境标准为前提。

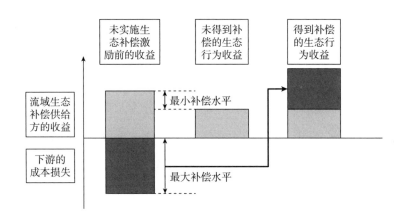

图 1-1　流域生态补偿的逻辑

"生物标记"则通过产品溢价的方式，即计算出可持续生产、发展方式的经济成本并将其纳入相应的经济产品的市场价格中。可以看出，国外流域水资源生态补偿已从政府主导的支付体系逐渐发展到市场主导的自发私人交易、政府适当规范金融机构参与的开放式交易体系、体现大众环保意识的生态标记等多渠道的融资方式，这也体现了科斯手段和庇古手段的结合。

受益者意识到生态服务功能的重要性价值，因而易于快速实现生态有偿服务。政府和市场机制相结合的利益补偿体系是中国当前生态补偿政策法律制度中紧迫需要借鉴的。

2. 国内学者对流域水资源生态补偿相关研究现状及发展动态分析

20世纪80年代以来，中国学者也开始对流域、森林、自然保护区等不同领域、不同规模尺度的生态补偿机制、制度进行研究，开展了大量的基础性工作，具有一定的针对性。

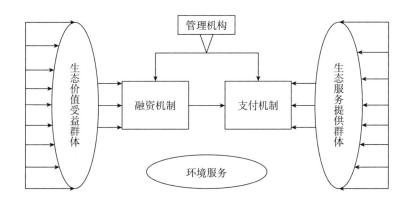

图 1 - 2　流域水资源生态补偿的运行机制

（1）开展流域生态系统服务功能价值评估，并揭示传统经济核算体系存在的缺陷，为流域水资源生态补偿机制的建立及政策的设计提供参考建议和理论依据。如对黑河流域 1987 年和 2000 年生态服务功能的价值评估是以这两年的 1∶100 万 LandsatTM 图像解译数据为基础，最后结论表明，黑河流域 2000 年的生态服务功能价值比 1987 年减少了 32.658 千万元（张志强等，2001）。中国流域水资源生态服务功能评估、核算的理论和方法与国外还有很大的差距，很多评估理论和方法往往也是直接应用国外的理论和方法，还没有形成符合自身实际特色的评估理论和方法体系。流域水资源生态服务功能的计量也多停留于局部流域的研究，尚未形成普遍适用的标准，有待将诸多的影响因素统一于一种计量方法之中。

（2）探讨中国流域水资源生态补偿标准的理论基础和方法测算。中国学者确立了价值理论、市场理论和半市场理论的流域水资源生态补偿标准（李晓光等，2009）。我国起初将生态服务价值评估法作为生态补偿标准确定的依据，在对太湖流域的实地调查中，以"恢复成本法"为依据分析上游如果造成水资源的污染而必须向下游支付的补偿金额（刘晓红和虞锡君，2007）。对闽江流域下游福州对上游南平的生态补偿标准采用了生态重建成本分摊法（黎元生和胡熠，2007）。

2008 年，在对南水北调东线水源地保护区第一期工程的调查中，首次从生态系统服务功能价值的角度将效益分摊于建设成本（蔡邦成，2008）。对于南水北调中线工程汉江流域水资源保护区生态补偿标准的计量分别采用了机会成本法、费用分析法和水资源价值法，其中以水资源价值法计算出的结果最为适宜（江中文，2008）。对华松坝流域水资源生态补偿标准的测量采用了成本法、意愿调查法及生态服务价值法。在流域水资源生态环境的保护过程中，为了修复和改进生态系统的服务功能，农户需要改变原有的经济生产方式（如退耕还湖、退耕还林等）。对于机会成本的确定问题，较多学者倾向于将该流域经济区域某一年份的平均农业收入作为农户损失的机会成本（熊鹰等，2004）。在长江流域和黄河流域退耕还林还草的生态补偿中，是由国家以粮食和现金补助的方式进行统一补偿（长江流域为 2250 千克/公顷/年；黄河流域为 1500 千克/公顷/年），这种"统一"的标准，显然无法反映区域农户真实的机会成本。但可以看出，此前确定的"统一"补偿标准与以各区域机会成本确立的补偿标准之间有很大的差异，此前"统一"的补偿标准均高于以区域机会成本确立的补偿标准。此外，由于生态环境服务功能价值的差异，生态补偿资金难以充分利用。在流域水资源生态补偿过程中，由于生态系统服务功能的受偿者（也是提供者）与生态系统服务功能的补偿者（也是需求者）是最主要的交易主体。

表1-1 我国两大流域生态系统退耕还林还草补偿标准与机会成本的差异

单位：元/公顷/年

区域	黄河流域				长江流域			
	东北	华北	黄土高原	新疆	长江中下游	西南	华南	青藏高原
补偿标准	2400	2400	2400	2400	3450	3450	3450	3450
机会成本	1739.2	1343.9	1131.4	1788.9	2622.8	2587.6	2317.7	1154.5
差额	660.8	1056.1	1268.6	611.1	827.2	862.4	1132.4	2295.5

　　（3）剖析人类活动对流域水资源生态系统产生具体影响的类型并探寻中国的实践，解析其中的作用逻辑及运作机理。流域内人类活动按照其目的不同可大体归纳为保护与修复治理和开发与建设两大类（张建肖和安树伟，2009）。保护与修复类活动主要以改善和提供生态系统服务功能为目的，按照行为主体动机性质不同，将"保护"界定为"限制和禁止开发类"。同时，将开发与建设假定为矿产资源的开发和水资源的开发，根据流域生态系统的特点，并进行二级细分。对流域水资源生态补偿进行分类有利于分类剖析人类活动对流域水资源生态系统产生具体影响的类型，从而明确补偿行为产生的原因和理由，易于界定流域水资源生态补偿的主客体、分析补偿标准和补偿效率，科学确定适宜的补偿（赵银军等，2012）。可以看出，流域生态补偿经过几十年的发展逐渐从最初惩治负外部性的生态破坏行为转向激励正外部性的生态保护行为。如果将流域水资源生态补偿看作一个复合运行系统，那么机制就是这个系统的驱动力，通过回答"补什么，谁补谁，补多少，怎么补，补的效率和效果怎样"，来建立和完善流域生态补偿机制。以流域水资源生态保护和修复活动为对象，这个复合系统的运行机制内外两大动力作用，内驱动力就是水资源生态系统受益者对生态系统服务的提供者的利益刺激（包括现金、实物、合作引导、培训等），使提供者参与到生态系统功能服务的修复和保护工作中

来，这样就使得流域水资源生态系统功能良好并能持续运行。

当受益者和受偿者在补偿标准无法达成一致时，此时的总系统将无法运行，这时外驱动力——流域水资源环境治理、合作协调小组（包括中央政府，流域上中下游各级相应环境管理部门）将通过政策、标准等为受偿者主张权利，使之运行起来（赵银军等，2012）。在中国，流域水资源生态补偿的实践在需求的驱动下先于理论而展开。但由于中国水资源产权属于国家和流域水资源生态系统服务功能的正外部性，中国对流域水资源生态环境的治理主要由政府投资来进行，包括天然林保护工程、退耕还林还草项目、森林生态效益项目，用以恢复流域水资源生态环境（郑海霞，2010）。当中央和地方政府的流域生态补偿项目达到他们的财政限额和经济管理职能的"承载力"时，市场导向对于流域水资源生态管理的维持变得愈发重要（靳乐山等，2004）。

中国流域水资源生态补偿共分五大类：小流域的自发交易方式、水权交易模式、水资源的水费补偿方式、政府投资和行政安排。小流域的自发交易方式通常由于补偿能力低加上缺乏相应的补偿依据，一般很难持久（吕星等，2005）。水权交易模式则是以市场为主导，地方政府和流域管理机构作为中介机构进行谈判，制定相应的交易规则，参考水资源市场价格进行补偿。水资源的用水费补偿方式是以地方政府依据水资源市场价格和支付能力制定的补偿标准，较为直接地基于水资源的收费标准（如水电公司对于水源地的补偿），一般受益区和补偿区划分清晰的地方适合采用这种。中国目前流域水资源生态补偿方式多以政府投资或行政安排为主，行政干涉过多，常常造成补偿无效率或效率低下，补偿结果与预期的环境目标相脱节的情况。高效、可持续的流域水资源生态补偿需要多个利益相关者的广泛参与和综合决策以及相应机制和体制的改革。

（4）从立法、政策、市场机制三方面探索中国流域生态补偿制度。在服务方面，供给和需求两方之间没有市场的约束和相关措施的帮助（靳乐山和甄鸣涛，2008），如水权不清晰（俞海和任勇，2008）。此外，还存在没有良好的价格机制和市场竞争不充分等问题（蔡邦成等，2005），有关生态补偿市场制度层面亟待进一步探索和完善。

在政策层面，主要表现为生态税制度与可交易的水许可及财政补贴制度的不完善。法律层面注意到有关水资源权属的法律制度不明晰，政府部门资源管理权与经营权没有分离（王勇等，2010），这都制约着中国生态补偿难以获得较高的效率。建立符合国情的生态补偿法律保障机制具有现实必要性和实施可行性（韩洪霞和张式军，2008），要从制度上明确主客体及其权责利，并合理确定补偿标准和计价方法以及规范资金运营机制（胡熠和黎元生，2007）。应着重实现生态补偿体系的规范化、科学化、市场化和法治化的立法目标（辽宁省财政厅课题组，2008），以国家宏观调控法律制度、生态市场法律制度、补偿标准确定的总原则及法律责任为法律内容（崔广平，2011），同时结合市场机制层面以及技术层面进行完善。

三、生态补偿效率相关研究现状及发展动态分析

生态补偿真的能够确保买来的生态系统服务功能改善原来的情境吗？真的能够确保环境破坏不会转移到其他地方吗？是否存在确保买来的生态系统服务的环境收益超过生态补偿的时间的生态补偿机制呢？如果存在，这样的机制是怎样的呢？生态补偿究竟能在多大程度上满足预期的环境保护目标呢？所付出的环境成本真的有效吗？这些问题都涉及一个关键指标——生态补偿效率的测度。国内对于生态补偿效率的研究还较少。生态补偿效率的动态基线评估法则也需要着重考虑（Wunder，2005）。庇古手段下的生态补偿效率确实不错，不同产权配置（科斯手段）产生的补偿效率不同（黄飞雪，2011）。国际上生态补偿效率的理论与实践主要集中于以下几方面：

（1）探讨生态补偿效率的分析框架，分析生态补偿效率的影响因素。生

态补偿效率主要取决于新增的生态系统服务功能的供给情况（可称为社会赢利）和参与人的私人收益情况（可称为私人赢利），在此视角下，第一象限里，土地无论做何种生产方式，生态系统和土地所有者都是双赢的。相应的第三象限中，无论土地所有者对土地进行何种"处理"方式，其和生态系统都是双失的。第四象限中，任意点代表此时土地的利用方式虽对土地所有者产生了一定的收益，然而由于其负外部性，导致生态系统服务功能的价值下降。而第二象限中，土地的利用方式尽管使土地所有者无利可图，但由于其正外部性，使生态系统服务功能价值增加（Pagiola，2005）。斜虚线上的点表示土地利用方式的私人收益与生态系统服务功能价值为内容的社会收益正负相抵，该线将社会总收益（私人损益与生态系统服务功能价值为内容的社会收益损益之和，数值考虑正负）进行正负之分（见图1-3）。

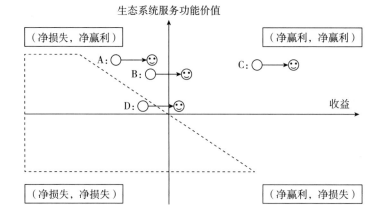

图1-3 基于私人收益和生态收益比较的生态补偿效率分析框架

资料来源：Pagiola S. Assessing the Efficiency of Payments for Environmental Services Programs：A framework for anylisis [M]．Washington DC：World Bank，2005．

尽管生态补偿的土地并不是使私人获利，但如果私人原本的土地利用方式尽管有一定的生态系统服务功能价值，但没有给私人带来一定的收益，而此时改变土地利用方式，既不减少其原有的生态系统服务功能价值，又增加了私人收益，如图1-3中的B方式，这种情形下的生态补偿具有社会效率（赵雪雁，2012）。在生态补偿实施过程中，还可能出现A、C、D三种社会无效率状况。其中，A情况指的是进行生态补偿后，土地的利用方式发生了改变，但土地所有者并没有因为利用方式的改变而增加私人收益，尽管此时生态系统服务功能的价值没有减少，因而此种情况的生态补偿无法对土地所有者起到激励作用。C情况是指土地所有者原本的土地利用方式是既可以增加生态系统服务功能价值，也可以增加自身私人受益，因而实施生态补偿的意义不大。D情况是指土地所有者在接受生态补偿后尽管有利于生态系统服务功能价值的增加，但由于其私人成本的增加远远超过土地利用方式的改变所带来的生态系统服务功能价值的增加，简单来说，实际就是"不划算"。因而此种情况的生态补偿可行性不大。A、D两种情形最终会减少社会福利（环境损益和私人损益的加总，考虑正负）。生态补偿的付费方式，如平均式还是风险性付费及付费尺度将会对此种情形产生影响（Pagiola，2008）。C情况实质就是"钱花了，没有什么变化"（Ferraro & Pattanayak，2006），也称为"缺乏额外性"，此种情况并不是社会无效率，而是资金无效率。但在资金有限的情况下，对于此种生态补偿进行买单，必然"挤占"其他用于更高社会福利产出的土地利用方式的改变，因而这种对交易成本的浪费也是无效率的。

生态补偿的效率不仅取决于实施生态补偿后生态系统服务功能的价值，还必须考虑提供这些新增生态系统服务功能的成本（Wunder，2008）。是否愿意与补偿者签订合约并遵守合同？遵守合同是不是一定会使其改变土地利用方式？改变土地利用方式后是否如预期那样真的增加了生态系统服务功能？这种期望的环境目标是否有长期供给基础？能否保证原来会给生态环境带来负外部性的土地利用方式或实践不会转移到别处（中国21世纪议程管理中心，

2009）？生态补偿是否会引起不正当激励问题（Engel et al., 2008）？多数情况下，潜在的生态系统服务功能提供者进行生态补偿申请的人数远远超过补偿资金总额。

事实上，在很多生态补偿实践中，尽管总体申请率很高，主要原因是该区域的土地利用的机会成本超出了生态补偿项目提供的支付水平，这就导致了生态补偿无效率，一刀切的生态补偿标准往往由于补偿不足而导致此现象。

目前，多数补偿项目对不履约行为的惩罚，但由于政治因素及其可行性操作的难度，多数项目不愿处罚（Engel et al., 2008）。土地的利用方式与生态系统服务功能之间的关系也是需要着重考虑的一个因素，由于其之间复杂的生物地理联系，目前还没有很好的方法对其之间的关系进行监测和评估，因此两者关系仍存在很大的争议（Bruijnzeel, 2004；Calder, 1999；Chomitz & Kumari, 1998），很可能会出现补偿后土地利用方式的改变并没有带来补偿者想要的生态系统服务功能。这种能力，依赖于补偿资金的持续注入（Rigo et al., 2007），由于政策周期和补偿项目期限的原因，受益者对获得的生态系统服务功能满意度会影响提供者所得到的补偿。也存在条件变化太大、合约双方不再有进行合作的空间的情况，此时补偿项目应当终止，否则就是无效率状态。如果生态补偿项目实施后的结果是以其他地方环境破坏为代价，就产生了"泄露"（Roger et al., 2008），此时，项目带来的生态系统服务功能价值的增加就会被高估，"泄露"可直接发生，可能通过市场机制间接发生，大项目比小项目更容易发生，过分地强调"额外性"，引发不正当激励（Kenneth et al., 2005），也会降低生态补偿效率。

生态补偿项目的设计需要寻求低成本的生态服务功能的提供者。一般来说，提供者的成本包括为确保生态系统服务功能的价值而放弃其他土地利用方式所获得收益的机会成本（Levrel et al., 2007），建设成本与交易成本之和的补偿标准。

有学者对松华坝流域的生态补偿效率进行了分析，通过单位面积的生态补偿标准和单位面积的生态服务功能比值来表征（李云驹等，2011），计算平地退耕还林、坡地退耕还林、农业种植结构调整和水土保持四种不同生态补偿措施的生态服务收益，进行计算对应的生态补偿效率。

（2）提高生态补偿效率的关键问题。京都议定书清洁发展机制（CDM）采用的是静态基线将差异归为特定干预；动态、下降基线会考虑原本的土地利用方式因负外部性而呈下降趋势的情形；动态、上升基线会在生态补偿项目实施前由于覆被自然生长率，呈上升趋势（Wunder，2005）。生态补偿基线的建立用于比较生态补偿干预前后的情景，通过与基线相比额外效应，以确定生态补偿项目是否产生了差异（赵雪雁，2012）（见图1-4）。

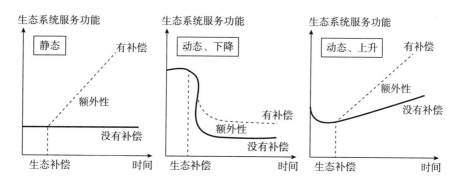

图1-4　三种不同的生态补偿基线

资料来源：Wunder S. Payments for environmental services：Some nuts and bolts. CIFOR Occasional Paper, No 42. Bogor：Center for International Forestry Research，2005：3-8.

基线的选择对于评价生态补偿效率至关重要，建立在静态基础上的生态补偿制度表明为任何"额外性"进行支付，造成补偿效率看起来很高，由于生态系统由其自身的修复功能，其生态系统服务功能也在增加。因此需要采用动态、上升的补偿基线，以便将常规的生态系统自然修复率与实施生态补偿后新增的生态系统服务功能加以区分（Pettenella et al.，2012）。如果采用静态的下降基线，由于是静态的，此时会仅考虑补偿后生态系统服务功能价值得到提高，而忽视所带来的投资环境的改善，从而低估"额外性"（Wunder，2007）。因此，采用错误的基线不仅会浪费补偿成本，还会降低生态补偿效率，在生态补偿效率评估中应当采用动态基线，卫星遥感技术有助于基线的评估与监测（Kalacskam，2008；Manthrithilak & Liyanagama，2012；Mahieu et al.，2012）。由于需要科学确定不同区域的价值量、不同区域供给成本，以及生态破坏（Dai & Zhao，2010）及退化的风险，还要注意"泄露"问题、不正当激励、效率和公平等问题，这些都会影响到生态补偿效率，因而考虑空间异质性的定位选择法在实施中也面临着诸多挑战。

由于生态系统服务功能的买者（受益者）和卖者（提供者、补偿者）之间还会存在诸多的隐藏信息和隐藏行动（Wnscher et al.，2008；Margules & Pressey，2000）。研究发现信息不对称会导致较高的补偿水平（Shoemaker，1989；Smith & Shogren，1998）。为了准确估计机会成本，国际上用信息披露、筛选合同采购拍卖等方法进行评估（Albrecht et al.，2010）。其中，采购拍卖通过竞价的方式，最大限度地减少了信息不对称，从而使沟通更有效率，能较好地反映提供者的真实机会成本（见表1-2）。

此外，生态补偿合同的达成及执行，由于涉及较多的参与者，还需要对生态系统服务功能进行测度、监控，同时还要面临诸多的不确定因素简化合约规则与遵约机制、专门针对交易双方的服务、交易的规模化、发挥社会资本的作用（Vatn，2010）等都将有利于降低交易成本。

四、国内外相关研究述评

综上所述，国内外学者对于流域水资源生态补偿理论与实践以及生态补偿效率都做了大量的研究，也取得了大量有价值的研究成果，并在以下方面达成

表1-2　生态补偿中估计卖方机会成本的方法

方法	制度的复杂性	信息的复杂性	技术的复杂性	租金减少	评价
信息披露	低	中等	低	低	当信息与卖方成本间存在强相关性时，效果较好；信息的获得需要较大的成本
筛选合同	中等	高	高	中等	理论依据较强，技术要求较高
采购拍卖	高	低	中等	中等	可以减少卖方之间的竞争，还无法确定是否能通过反复约定减少租金

资料来源：Albrecht M, Schmid B, Obrist MK, et al. Effects of ecological compensation meadows on arthropod diversity in adjacent intensively managed grassland ［J］. Biological Conservation, 2010, 143（3）: 642-649.

三点共识：

（1）围绕着"补什么""谁补谁""补多少""怎么补"等内容，构建流域水资源生态补偿机制。中国流域生态补偿机制主要以政府投资支付和行政安排为主，行政色彩过浓厚，产生许多补偿无效率和低效率问题，市场导向机制对于流域水资源生态补偿政策设计变得日益重要。而国外流域生态补偿已从政府投资为主逐渐发展到政府、私人、金融机构等多渠道的融资方式，政府和市场都发挥了重要作用。由于市场机制可以更好地反映生态补偿的"投入—产出"效益，市场导向的创新将发挥更为重要的作用。

（2）流域生态补偿效率分析框架应给予两者损益的比较，考虑预期生态补偿成本和参与者提供生态服务功能的成本的影响因素，并把握好提高流域生态补偿的四大关键问题——科学的生态补偿基线、生态补偿的空间定位、真实机会成本的估计与交易成本的降低。

（3）由于生态服务功能价值远远高于实际的生产效益，所以一般作为补偿标准的上限，由于存在较大市场风险，机会成本法的生态补偿标准核算结果也并不一成不变，但常常还是作为生态补偿的下限，意愿调查法则作为流域生态补偿标准的依据，实践中，机会成本法与意愿调查法相结合更有利于生态补偿标准的测算。

以上"共识"为开展本研究奠定了厚实的基础。但仍存在一些问题亟待完善，主要包括以下三个方面：

（1）对于生态补偿效率的分析，国内外学者更多限于传统的纯粹静态的投入—产出比的补偿效率分析，也没有考虑流域上中下游之间的协调度问题，忽略了流域区域协同发展的战略要求。流域水资源生态补偿虽然是针对环境保护和利益关系调整的一种政策工具，但其实际影响的不仅是生态和经济，还包括对社会、文化及政治层面的影响，因此要综合评价流域水资源生态补偿效率。

（2）关于流域生态补偿效率的分析，国内外学者没有考虑流域上中下游的差异性而进行无差异化测度，但实际上由于地理条件不一样，上中下游在流域发展及水资源保护中的作用不同，流域水资源生态补偿效率也应该有差异，不能进行一次性测度解决问题的方式，应该对流域上中下游的水资源生态补偿效率分别进行测度，并进行对比分析和协调度分析，找出促进流域协同发展的途径。

（3）对于流域水资源生态补偿相关制度完善方面，更多的是从政策、市场机制、法律制度层面来进行完善的对策设计，缺乏技术层面的关注。如对于节水农业中的"生态节水"理论在提高水资源生态补偿效率方面运用的契合，特别是其运用"生物自身高效用水"的原理对于减少生态补偿所带来的"强制性"补偿问题的"造血式"良性解决注入新的活力。生物节水是发掘和利用植物的抗旱节水遗传潜力，在获取相同产量的条件下消耗较少水分，或在消耗相同水分的条件下获得较高产量，作物自身高效用水的原理。生物节水理论下的"有限灌溉""合理施肥""化学调控""调整布局"和"培育高水分利用效率品种"等理论和应用技术对于未来中国流域水资源持续高效利用生态补偿政策设计具有良性"亮点"的启发作用。

第四节　研究内容与技术路线

一、研究内容

在对相关理论基础进行梳理的基础上，构建流域水资源生态补偿效率测度指标体系，并以长江流域为例进行实证研究，选取长江流域上中下游的四个节点城市进行流域水资源生态补偿效率测度，分别测度出综合效率、社会效率、经济效率、生态效率、文化效率和政治效率，并构建四个节点城市流域水资源生态补偿效率协调度函数，分析它们之间的协调度。在此基础上探索现有补偿政策、法律制度等进一步的修复措施及优化设计。本书的具体章节安排如下：

第一章，导论。介绍了研究背景，分析了研究目的，并剖析了研究的意义，界定了相关概念，在对国内外文献综述的基础上提出本书的研究框架，介绍了研究内容与技术路线，阐述了创新点和不足。

第二章，流域水资源生态补偿制度及效率测度的理论基础分析。首先对流域水资源生态补偿的利益主体、补偿模式、标准、特点等常规内容进行基本介绍；其次对本书所用到的理论进行梳理，如可持续发展理论、公共物品理论、生态系统理论、外部性理论及环境规制理论等，并提出本书理论分析框架。

第三章，中国流域水资源生态补偿制度及实践分析。首先对中国生态补偿制度的发展、资金来源、主要的生态工程项目及典型案例进行详细说明；

其次对近年来中国主要水域的水资源环境状况及水资源开发利用中存在的问题进行分析，接着对流域水资源生态补偿制度进行回顾，并对多种模式的流域水资源生态补偿实践进行分析，找出中国流域水资源生态补偿中存在的问题。

第四章，流域水资源生态补偿效率测度指标体系构建。分析流域水资源生态补偿效率的影响因素，阐明指标选取的原因，确定指标层的各个指标，用AHP方法确定指标权重，得出完整的流域水资源效率测度指标体系。

第五章，流域水资源生态补偿效率测度的实证分析——以长江流域四节点为例。测度长江流域宜宾市、宜昌市、九江市及镇江市的流域水资源生态补偿效率，对其进行比较分析，并利用分布函数模型（distribution function model），对四个节点城市流域水资源生态补偿效率的协调度进行分析。

第六章，流域水资源生态补偿实践的国际经验借鉴。主要介绍美国、哥伦比亚、法国、印度、南非等国家的流域水资源生态补偿实践，并挖掘其特点，得出相关的启示。

第七章，流域水资源生态补偿制度优化设计。不仅包括制度要素之间、技术要素之间及制度要素与技术要素之间的协同，还包括多元利益主体的协同、各效率影响因素的协同、跨流域的协同、资源系统与社会系统的协同，最终达到区域间的协同发展，并通过"改革存量利益与发展增量利益"来促成生态补偿中的利益和谐，促进技术要素从"用存量"技术到"扩增量"技术方向发展，促进制度政策要素从"用好存量"制度政策到"扩备增量"制度政策方向发展，最终达到区际间社会系统与自然系统的协同发展的目的。

第八章，结论与展望。对主要章节的研究结论进行总结，并对未来的研究重点和方向进行展望。

二、技术路线

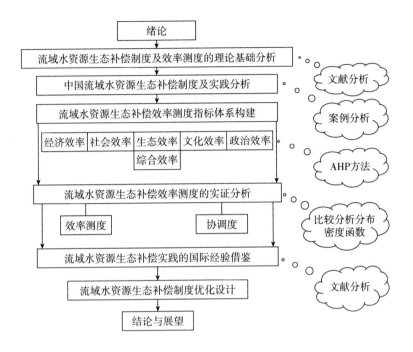

图 1－5　技术路线

第五节　研究的创新点和不足之处

一、研究的创新点

国内外学者较多地局限于传统的纯粹静态的投入—产出比的补偿效率分析，既没有考虑流域上中下游之间的协调度问题，也没有考虑流域上中下游的差异性而进行无差异化测度，但实际上由于地理条件不一样，上中下游在流域发展及水资源保护中的作用不同，流域水资源生态补偿效率也应该有差异。本书研究的创新点主要有以下三个方面：

第一，首次系统地构建了流域水资源生态补偿效率测度指标体系，包括综合效率、社会效率、经济效率、文化效率，以及政治效率。流域水资源生态补偿虽然是针对环境保护和利益关系调整的一种政策工具，但其实际影响的不只是生态和经济，对社会、文化、政治都有不同的影响，五个维度层面的指标体系可以更加全面地反映流域水资源生态补偿的效果，可以对于效率测度给出一种方法。

第二，以长江流域四节点为例实证分析流域水资源生态补偿效率，并对四个节点城市的流域水资源生态补偿效率进行协调度分析和比较分析。流域的范围一般较为广阔，如果只研究一个点，不能全面反映整个流域的实际情况。另外，流域的上中下游所涉及的生态补偿情况也有差异。所以选择长江流域上中下游的四个节点城市——上游的宜宾市、中上游接合部的宜昌市、中下游接合部的九江市和下游的镇江市为例进行实证分析，比较分析四个节点城市的流域水资源生态补偿效率，并构建分布密度函数分析四个节点城市的流域水资源生态补偿效率的协调度，为流域区域的协同发展研究奠定基础。

第三，提出系统化的流域水资源生态补偿制度优化对策。从流域区域协同发展的角度进行制度优化设计，包括制度要素之间、技术要素之间及制度要素与技术要素之间的协同，又包括多元利益主体的协同、各效率影响因素的协同、跨流域的协同、资源系统与社会系统的协同，最终达到区域的协同发展。并通过"改革存量利益与发展增量利益"来促成生态补偿中的利益和谐，促进技术要素从"用存量"技术到"扩增量"技术方向发展，促进制度政策要素从"用好存量"制度政策到"扩备增量"制度政策方向发展，最终达到区际间社会系统与自然系统的协同发展。

二、研究的不足之处

由于考虑到数据的可得性及指标体系涉及内容较广，并且各流域的社会、经济、生态、文化、政治等发展水平存在差距，发展重心也不同，该指标体系可能不能完全准确地测度流域水资源生态补偿效率，只是尽可能地涵盖影响流域水资源生态补偿效率的因素。另外，部分指标值需要根据调研获取数据，在具体操作时可能会产生误差。期望随着中国流域水资源生态补偿制度的不断完善，在以后的深入研究和调研过程中不断改进该指标体系，使其更具实用性。

第二章 流域水资源生态补偿制度及效率测度的理论基础分析

第一节 基础性研究

一、流域水资源生态补偿利益主体

流域上下游居民使用流域水资源生态系统服务的权利是平等的，同样地，排污权利也是平等的。如果流域上游居民不加限制地排污，而流域水环境的容量是有限的，一旦上游排污量超过水环境容量，就会对流域下游水环境造成严重损害，从而侵害流域下游居民平等利用流域水资源生态系统服务的权利。此时，有两种方式可以使相关方利益均衡：一是由流域上游补偿流域下游利用水资源生态系统服务的直接损失和机会损失；二是对流域上游用水户的用水权施加限制，以保证流域上下游都拥有平等的利用流域水资源生态系统服务的机会。在实践中，为保证流域水资源生态系统服务的可持续利用，各国政府一般通过立法分段设定流域水质标准，而且政府一般设定流域上游的水质标准高于流域下游，即采取第二种使流域相关方利益均衡的方式，政府为了下游居民或长期的、全局的、整体的利益，限制了流域上游居民利用流域水资源生态系统服务的权利。由于水资源是基础性自然资源和战略性经济资源，流域上游居民用水权受限相当于发展权受限，从而流域上游居民成为流域水资源生态补偿的受损方。政府应从因流域上游居民用水权受限而受益的受益方的额外收益中提取一定比例，或通过其他方式来补偿流域上游居民用水权利受限的损失。

另外，政府出于区域乃至全国水资源合理调配的需要，从某流域实施跨流域调水工程，出于调水工程的需要而要求该流域水质标准在原有的基础上进一步提高，进一步压缩该流域居民用水量，从而限制了该流域居民的用水权利，该流域居民成为因调水工程而受损的一方。此时，政府应作为调水受益方的代理人，对被调水流域的居民因调水而造成的用水权利受限的损失进行补偿。

流域上游水质高于下游，或因调水等原因而使水质标准进一步提高、用水量进一步压缩的情况下，为保护、恢复、维持和改善流域水质和水量，受损方所遭受的损失主要包括：需要在原有基础上进一步投入额外的建设成本，如修建水利设施、工农业污染治理、生活污水处理及环境综合整治等；需要改变原有的生产和生活方式，从而产生了额外的直接损失，如进一步减少化肥、农药等农业污染源，进一步减少生产、生活污水的排放等；需要进一步限制相关产业发展，从而相对于其他地区，产生了发展的机会损失。

享用额外增加的流域水资源生态系统服务的一方为受益方。在不存在跨流域调水的情况下，流域水资源生态补偿中的直接受益方主要是流域下游居民；在流域水资源生态系统服务扩展范围之内的流域下游之外的部分人群，因流域上游居民用水权利受限而间接额外受益。在跨流域调水的情况下，直接受益方主要是调水受益区的居民，在调水而产生的水资源生态系统服务扩展范围之内的调水区之外的部分人群，因被调水区居民用水权利的受限而间接额外受益。

二、流域水资源生态补偿模式

第一，市场交易模式。当流域上游居民自愿通过某种生态系统服务利用的行为，将本地水资源生态系统服务流转到流域下游，而流域下游居民又自愿接受，则流域水资源生态补偿金额就应该由流域上下游的两地居民或其代表协商谈判，以受益方受益价值和受损方承担损失为参考依据，根据受益方的支付意愿和受损方的获偿意愿，通过市场交易机制，由受益方对受损方实施补偿。

第二，政府或第三方介入模式。由于流域水质标准或调水决策都是由政府提出的，同时存在流域下游居民之外的受益人群也可能存在调水的情况，调水区之外的受益人群受益价值难以计算，为降低补偿交易成本，多数情况下应由政府参照受益方受益价值和受损方的受损成本，一方面由下游政府或受水区政府代表下游或受水区受益方向上游政府实施补偿，另一方面由更高一级政府从政府税收中支出一定的比例补偿给流域上游。

三、流域水资源生态补偿标准

1. 受益方受益的价值

流域下游用水者或调水受益区受益的价值可以由水质标准的额外提高导致增加的水环境容量对应的可增加的排污能力所容纳的产业发展收益来计算。假设流域水质标准相同或不存在跨流域调水导致水质标准的提高，流域上游的居民（受损方）用水权利不受限制，流域上游居民沿用原有的生产生活方式或不受限制地采用其他收益更高的生产生活方式的获益为 B（Benefit）。流域水质标准改变后，受损方承担的损失 L（Loss）主要有：用水权利的损失 L_1、直接投入 L_2、直接损失 L_3 和发展机会损失 L_0（即为 B）。即 $L = L_0 + L_1 + L_2 + L_3$。

其中，用水权利的损失可以用额外提高的水质标准导致的减少的水环境容量对应减少的排污能力所容纳的产业发展收益来计算。直接投入和直接损失包括涵养水源、环境污染综合整治、农业面源污染治理、城镇污水处理设施建设，以及水利设施和环境保护设施的新建、改建、扩建、节水投入、移民安置投入等。同时，流域水质的提高有利于区域乃至国家全局的整体和长期的利益增加，所以，应该在流域上游受损方所承担的损失之外增加对流域上游受损方的激励 S（Stimulation），以鼓励其进一步投资于生态环境建设。从受损方的角度来说，S 可以看作上游受损方进行生态环境建设的利润或盈余。即上游受损方最终应获得的补偿 C（Compensation）。$C = L + S = L_0 + L_1 + L_2 + L_3 + S$。

2. 支付意愿法

支付意愿法（Willingness To Pay，WTP）也被称为条件价值法（Contingent Valuation Method，CVM），是指通过对消费者开展直接调查，掌握消费者的支付意愿，或是消费者对某类产品（服务）的选择（需求）愿望（数量），以此来评价和确定某一生态系统服务功能的价值。通常消费者的支付意愿会低于生态系统服务的价值。支付意愿的计算公式为：$P = WTP_u \times POP_u$。

其中，P 为补偿数额，WTP 为消费者（居民）的最大支付意愿，POP 为各类型人口，u 为各类收税区域。

从理论上讲，调查所得支付意愿（或受偿意愿）值最接近边际外部成本，但结果也存在产生偏移的可能，所以此种方法是建立在足量、高质的调查问卷基础之上的，否则会出现重大偏差。

3. 机会成本法

机会成本法（Opportunity Cost，OC）一般是指流域环境保护方（环境保护的投入主体）为全流域生态全局放弃部分工农业发展，而失去获得相应效益的机会，通常是指财政上的损失（发展收益损失），把放弃发展可能失去的最大经济效益称为机会成本，并以此作为流域生态补偿的标准。环境保护方（环境保护的投入主体）当年为流域生态保护而损失的机会成本核算公式为：$P = (G_0 - G) \times N_0$。

其中，P 为生态补偿金额（万元/年），G_0 为生态补偿地区居民纯收入

（元/人），G 为生态保护区居民纯收入（元/人），N_0 为生态保护地区城镇人口总数（万人）。

该方法也可以表示为：$P = (R_0 - R) \times N_t + (S_0 - S) \times N_f$。

其中，P 为生态补偿金额（万元/年），R_0 为生态补偿地区居民纯收入（元/人），R 为生态保护区居民纯收入（元/人），N_t 为生态保护地区城镇人口总数（万人），S 为生态保护地区农民纯收入（元/人），N_f 为生态保护地区农业人口总数（万人）。

当流域水资源生态效益不能直接估算时，可以利用流域水资源的最佳用途价值机会成本来核算流域生态环境变化造成的生态损失（水生态服务的价值）。但是此方法的核算结果常常高于补偿者的支付意愿（支付能力），且对流域生态保护投入方和受益方存在着不够公平的现象，如生态保护投入方在保护过程中获得一定的生态效益全部都被计入损失之中，由受益方支付。

4. 生态水资源价值法

当流域生态服务价值可以直接货币化时，可以基于资源市场的具体价格实施流域生态补偿，由流域水质的优劣来判断生态补偿标准。核算公式为：$P = Q \times C_c \times \delta$。

其中，P 为补偿金额，Q 为调配水量，C_c 为流域水资源价格，δ 为一个判定系数。C_c 在使用中可以采用污水处理成本作为水资源市场价格。δ 的取值情况是：当上游来水的水质优于 Ⅲ 类水时，则 $\delta = 1$；当上游来水的水质劣于 Ⅴ 类水时，$\delta = -1$；否则 $\delta = 0$。

此方法简单易行，从而被广泛使用，但是，C_c 的取值还需要进一步改进，最理想的状况是直接采用水资源价值来替换（比较难测算）；同时，判定系数 δ 的取值也可以细化，以进一步体现水资源优质优价的特点。参数的取值对结果的影响大，所以须慎重选取。随着流域水资源交易的市场化程度逐步提高，基于流域水资源价值的补偿方法可操作性最佳。

5. 生态补偿费用分析法

通常，采取流域生态保护行动的一方为保护和恢复流域生态环境，必须承担（如环境保护投入，或因采取保护措施而损失掉的工农业发展收益等）一定的费用（或损失一部分收益），在流域生态补偿过程中可以将此部分费用作为流域生态保护受益方向保护方支付生态补偿额度。核算公式为：$C = C_t + C_a + C_p + C_w + \cdots$。

其中，C 为生态保护方的生态保护成本投入，C_t 为水源涵养区域恢复植被投入的费用，C_a 为农业排污治理费用，C_p 为城镇污水处理费用，C_w 为兴修水利设施等费用。

此方法核算过程简单、清晰，但生态保护方支出的费用、排污治理费用等很难确定，所以在核算上需要全面、动态地考虑、分析。

四、流域水资源生态补偿特点

1. 流域水资源生态补偿的利益主体相对明确

由于每个流域的地域界线相对明确，流域上下游居民、产业的空间位置相对固定，因此，受损方的地域范围和产业规模等也较容易确定，流域水资源生态系统服务的供给方相对明确。另外，流域水质和水量及其变化、用户用水量等的监测与度量体系也较为完备，水价计算模型也已经成熟，因此，受益方额外受益的水价值也相对容易计算。所以，相关方受益和受损的程度较为准确客观，便于受益方和受损方以客观存在的受损成本和流域水资源生态系统服务价值为依据，通过谈判和市场交易，由受益方补偿受损方。

2. 流域水质的保护和水量的控制是流域水资源生态补偿实现的中心内容

第一，流域周边土地利用方式的变化。为保持和改善流域水质，流域周边土地利用方式需要由水质污染较重的土地利用方式向对水质影响较小的土地利用方式转变。为控制流域水量，流域周边土地应由保持水土、控制径流量较差的土地利用方式向能够更好地控制水土保持、控制径流量的土地利用方式转变。总体来说，流域周边土地利用方式需要由农业、畜牧业等向林业等转变。流域周边土地所有者因为土地利用方式的转变而承担额外的成本损失和发展机会损失，为使相关方利益均衡，流域周边土地所有者成为受损方，应得到补偿。流域水资源生态补偿中，涉及流域土地利用方式转变的经典案例主要有：澳大利亚的盐分蒸发信托、哥伦比亚的土地征用和土地管理合约、美国的集水区土地征用和种植合约、美国的土地征用及保护地域权。

第二，工农业生产方式的转变。为保持和改善流域水质，流域周边传统的工业和农林牧业生产经营方式需要向对水质影响较小的清洁生产和有机农业等生产方式转变。为控制流域水量，需要由耗水量较大的生产方式向耗水量较小的生产方式转变。生产方式转变过程中，流域周边土地所有者需要进行额外的生产成本投入，承担额外的成本损失和发展机会损失，应得到相应的补偿。流域水资源生态补偿中，涉及生产方式转变的典型案例有美国的土壤污染物消除等。

第三，排污权交易。为保持和改善流域水质，在水环境容量一定的情况下，可以设置流域周边产业排污限额，实行排污权交易制度，既可以保护流域水质，又能够降低污染治理成本，减轻污水排放压力。流域水资源生态补偿中，涉及排污权交易的典型案例，如美国的污染减排信用、美国的营养物污染信托基金等。

第四，水权交易。为控制流域水量，可以设置流域周边产业用水限额，实行水权交易制度，既节约了用水，又可以促使流域周边产业主动向耗水量较少的环境友好型生产方式转变。流域水资源生态补偿中，涉及水权交易的典型案例，如印度的可交易水权系统和用户收费、南非的河流减量许可证。

3. 流域水资源生态补偿的跨区域性突出

几乎所有的生态系统服务都具有空间流动性，但由于流域水的流动性较强，从而流域水资源生态系统服务的跨区域流动性更为突出。流域上游周边土地所有者改变土地利用方式、转变传统的工农业生产经营方式、实行排污权和水权交易带来的流域水资源生态系统服务的改善，通过水资源生态系统服务的跨区域流动带到了流域下游，下游居民获得了额外的水资源生态系统服务而改善了福利状况。为了使相关方利益均衡，下游用水户应补偿流域上游的土地所有者。

第二节　理论基础

一、可持续发展理论

可持续发展是对传统发展模式深刻反思之后的深层次认识，目前已成为大多数国家的重要发展战略以正确协调人口、资源、环境与经济之间的关系。从全流域视角出发，打破管理部门及其他专业的条块分割，突破地域的限制，从而保证区域间生态系统建设和公平的共享生态功能，实现社会经济与资源、环境之间的相互协调发展，必须要建立生态补偿机制，这也正符合可持续发展的概念和要求。

可持续发展就是要把发展与环境看成一个有机整体。从内容上看，可持续发展理论主要包括：第一，需要重新审视如何更好地实现经济增长而不是否定经济的增长，要实现经济增长的可持续性，就必须将粗放型的生产方式向集约型的生产方式转变，从而降低单位经济活动所带来的环境压力，探讨并处理在经济层面的问题。正因为环境退化产生于经济过程，所以需要从经济过程中去寻找其解决办法。第二，可持续发展以自然资产为根本，同时也必须要考虑环境自身的承载能力，可以运用适当的经济手段、技术措施或者是政府干预来实现"可持续性"，通过提高利用率或者研发出替代品来降低自然资产的消耗速度，同时积极提倡清洁工艺和消费方式的可持续性，尽量避免单位经济活动所带来废弃物量的增加。第三，可持续发展在与社会相适应的同时，以提高生活质量为目标，"经济发展"的内涵远远广于"经济增长"，人均 GDP 的提高往往视为经济增长，而发展则是通过优化社会和经济结构，来实现一系列社会发展目标。第四，可持续发展是对环境资源价值的承认和实际外在表现，这种价值体现既表现为环境对经济系统的支持和服务价值，同时也表现为环境对生命系统支撑的价值，所以在计算生产成本和产品价格时，也应一并考虑生产中环境资源的投入和服务，同时还需要对国民经济核算体系进行逐步修改和完善。第五，可持续发展必须以相应的政策和法律体系为保障，侧重于"综合决策"和"公众参与"，必须对以往各个部门独自地、封闭地分别制定，以及实施经济政策、社会政策、环境政策的做法作出改变，倡导根据科学原则、全面综合的信息要求进行政策的制定和实施，经济发展、人口、社会保障、环境、资源等各项立法及决策都要考虑可持续发展的原则。

可持续性强调的是一种过程或状态的持续。人类社会的持续性同时要求经济的可持续、社会的可持续及生态的可持续。在 1987 年，世界环境与发展委员会（World Commission on Environment and Development）向联合国提交的题为《我们共同的未来》（*Our Common Future*）的报告中，对可持续发展的内涵作了界定和详尽的理论阐述，该组织认为可持续发展是"既要满足当代人需求，同时也必须不危及到后代满足其需求能力的发展"。由此可见，可持续发展的内涵包含了三个基本原则：第一，可持续发展的公平性原则。公平性原则包括横向的当代人之间的公平以及纵向的代际的公平，要求当代人与后代人拥有公平的利用资源与环境的机会，拥有公平的发展权。第二，可持续发展的持续性原则。持续性原则要求人类需求的满足要以人类用于自身赖以生存与发展的物质基础为限，同时人类的发展需求不得超过资源与环境的承载能力，要保护并可持续利用自然生态系统，因为发展一旦超出资源与环境的承载阈限，发展的本身也会受到影响而衰退。第三，可持续发展的共同性原则。虽然各国的国情和经济发展水平具有很大的差异，实现可持续发展的具体模式和路径各不相同，但为实现可持续发展，各国承担共同而又有差异的责任，加强全球可持续发展领域的交流与合作，已经成为全球共识，并已经由理念走向行动。第四，可持续发展的时序性原则，强调的是可持续发展的阶段性，地球上的自然资源被发达国家抢先利用，通过利用本属于发展中国家的那一部分资源来促进经济增长，不仅如此，世界经济政治基本格局也被发达国家利用先发优势所掌控，发展中国家被迫处于更加不利的地位，所以发达国家理应在可持续发展中承担起更多的责任，比如在环境保护上给予更多的关注和付出，而发展中国家的首要任务是消除贫困，但也不可懈怠区域发展的均衡性与公平性，稳定提升可持续发展的能力。

依据持续性原则来讲人与自然的关系，人类必须在资源和环境的承载能力之内进行经济活动和社会发展。这也是实行资源有偿使用、实施水资源和水环境保护、修复的理论基础，这要求人类社会经济发展与资源、环境之间应保持合理的比例，资源和环境的开发利用程度和保护程度应维持在一个合理的水平，使流域水资源能够可持续地发挥各项功能。公平性原则强调流域内生态建设成本的承受者与生态建设效益的受益者应该处于平等的地位，由于行政区域、行业部门等造成的成本与效益的不对称性应予以协调，它是补偿限制发展区域的机会损失和补偿水资源利用与保护经济外部性的理论依据。

共同性原则说明局部区域的问题可能会转化为更大范围的全局问题，这就要求地方的决策和行动应该有助于实现全流域整体的协调。这就意味着所有利益相关者都有承担流域水资源生态建设成本的义务和分享相应利益的权利，应建立流域水资源生态补偿机制，加强公众参与，形成流域内各方参与的权责明确、协调统一的水资源与生态保护机制。

二、生态系统理论

人类生存和发展以自然资源和生态环境为基本条件。自然资源和生态环境不仅囊括具体的要素禀赋资源（土地、水、生物、矿产等），也包括综合环境资源（环境容量、景观、气候、生态平衡调节）。自然资源环境与人类社会的生存和发展密切相关，特别是经济活动。人类在向自然界索取为满足生产所需的自然资源的同时，又将产生的废物毫无顾忌地排入自然环境中从而使环境资源遭到破坏。这种行为造成了自然资源环境—社会系统物质能量的不可逆，表现出资源的"单流向"特征，因此，自然资源环境整体上遭到严重的破坏（李昌金等，1990）。

依据系统论的视角，人类社会和自然环境之间经过长时间的磨合形成了一种动态且稳定的平衡，但是在自然环境—社会系统之间，自然环境有一个所能承受最大人类活动负荷的阈值或极限，如果人类活动对自然生态环境的影响在某一刻超过这个极限，就会打破系统局部的甚至全局的平衡，遭到破坏的自然生态环境就会反过来影响人类社会的健康发展。这也就是自然资源环境的生态潜力与人类社会经济潜力之间互相联系和转化的因果关系。所谓的生态潜力主要是指能够满足经济持续增长所需要的数量充足和质量较高的自然资源，与在自然环境中建立起来的能够持续利于人类生产和生活的相互联系，以及保证因为人类活动而使自然环境状况受到的情况得以恢复和能够稳定更新在人类经济活动过程中被利用的自然资源（图佩察，1984）。可以说，要想维持自然环境—社会系统的平衡，必须保证生态潜力的增长速度领先于经济潜力增长的速度。

但是，目前中国自然资源环境利用的真实情况恰好相反，已经破坏局部甚至全局性的自然环境—社会系统的平衡。中国当前迫切需要恢复和维护业已遭到破坏的自然资源环境及其生态潜力。而目前能够有效补偿生态损失、维系生态潜力的途径就是实施生态补偿。

流域的整体性、河流水系的连续性和流动性、行政区域的条块分割，以及经济社会各部门之间权力职责交叉性，导致在水资源的开发利用与保护中出现了外部效应，造成区域间对一定水量或水质的无序竞争，致使生态环境用水被长期挤占，出现了江河断流、湖泊湿地萎缩、水污染加剧、区域发展不平衡等突出问题。

三、公共物品理论

水资源的准公共物品属性是流域水资源生态补偿产生的重要原因。已成为测算和实施生态补偿标准的理论基础。

环境资源具有公共产品的属性，因此存在过度占用与开发所造成的"无节制的、开放式的资源利用的灾难"，即公地悲剧现象。生态补偿是解决保护成本、均衡保护责任、分享生态资源利益的有效机制，有助于探究水资源、水源地生态资源共享和均等分配机制，实现公共资源的公平分配、利益分享和持续发展。

水资源是公共资源，是一种准公共物品，是具有竞争性但不具有排他性的准公共物品。利用市场机制无法生产和提供公共物品，在一定条件下只有依靠政府行政职能来执行公共物品的供给。水资源的开发与利用保护的受益群体范围很广，且兼有公益性功能。因此，目前仅利用市场机制来配置水资源的使用还是很困难的。对于水资源开发利用保护中产生的外部效益或外部损失，政府的干预是不可或缺的，要通过利用水资源生态补偿的形式进行平衡。

四、外部性理论

流域生态补偿中的外部性，实质上就是生态保护主体、生态受益主体，以及生态破坏主体三方面的主体之间因权利义务划分不合理而造成的权益分配不对等的情况。生态保护者承担着保护资源环境的职责，那么有义务对其因履行职能而投入的成本或者造成的损失而进行补偿，这个补偿就应该由生态收益主体来实行。而生态破坏者是在自己行为的影响下对流域生态系统造成了实质性或者潜在性的损害，这是行为主体与流域范围内甚至全人类之间的权益冲突。环境资源保护的职责归属具有共同性，而流域生态也具有区域性的特征，即在流域范围内的所有主体都应该承担起生态保护的职责，人们在享受流域生态资源环境带给我们必要的生存权益与发展权益的同时，还需要承担起相应的保护义务，这是一个相互统一的整体。但是，这种义务具有可让渡性，可以通过利益补偿的方式对义务承担者进行弥补。如果这种弥补有利于义务承担者，那么这就体现出生态补偿的正外部性；反之，则是负外部性的体现。因此，根据法学角度的外部性特征来看，流域生态补偿中的负外部性则是指流域生态保护的义务主体者，在行使自己权利或者获得利益时，并不承担起相应的流域生态保护义务，但是通过补偿方式并不能完全弥补其他义务承担者的权益损失，而造成的权益失衡状态。

五、水资源价值理论

随着人类开发利用水资源程度的加深，水资源的社会经济服务功能不断拓展，水资源属性的内涵也逐渐拓展为自然属性、社会属性、经济属性、环境属性、生态属性，同时水资源也具有了各种生态环境服务功能和社会经济服务功能（陈家琦等，2002），因而水资源具有相应的价值。

水资源的自然属性是指水资源在流域水循环过程中的各种特性，包括大气水—地表水—土壤水—地下水之间的一系列转化特性、水资源的可再生性、时空分布不均性等。水循环还直接涉及自然界中的一系列物理、化学和生物作用过程，如地貌形成中的侵蚀、搬运与沉积，地表化学元素的迁移与转化，土壤的形成与演化，植物蒸腾以及地表大量热能的转化等。水资源的社会属性表现在：流域内各地区人群对流域水资源都应享有基本的使用权，区别于其他不同的社会需要，生存用水权优先；水资源开发利用应充分体现公平和可持续原则，包括用水户公平、上下游公平、城乡公平、代际公平。水资源所有权为国家所有，具有一定的垄断性。随着市场经济的发展，水资源的使用权与所有权发生了分离，作为一种原始的公共物品，在一定区域内，每一用水群体和个人都享有平等的基本使用权，具有相对范围内的非排他性和不可分割性的特点。水资源作为生产生活资料，参与生产和消费的经济活动，具有较大的经济利用价值。水资源的有用性决定了其具有巨大的使用价值，其稀缺性和开发利用条件决定了水资源经济利用价值的大小。在可供利用的水资源有限的情况下，经济领域水资源使用者相互竞争，通过市场经济的作用机制调节供求，实现水资源的优化配置，追求水资源使用的目标效益最大化，由此也随之产生了水资源的经济价值。水资源是生态环境的控制性要素，是维系生态环境稳定的基础性资源。水资源的生态属性主要体现在水资源条件对生态系统演替的控制和影响上，水资源分布和水体质量决定了生态系统的基本特征。水资源是维系生物繁衍和生存不可或缺的要素，是保持生物多样性、维护生态平衡的基本保障，给一切生物提供了适宜的生存条件和发展环境。水资源不仅具有稀释、降解污染物的水环境净化作用，而且具有吸附污尘、净化空气的大气净化作用，还具有美化环境和景观等对人文环境的作用。在人类大规模进行水资源开发利用的情况下，水资源的环境属性——纳污、自净和景观等功能显得尤为突出。

　　水资源的五大属性既体现了水资源对自然生态环境系统和人类经济社会系统的作用和功能，也体现了水资源的价值，流域地表水资源的服务功能包括经济服务功能和生态环境服务功能，其中经济服务功能包括农业生产用水、生活用水、工业用水、发电、航运、水产养殖和旅游业用水，生态环境功能包括水文循环平衡、美化环境、冲沙防淤、防止岸线侵蚀、补给地下水、输送营养物质、稀释净化、维持生物平衡、地质自然演化和调节气候。

人类的水资源开发利用直接影响了水循环系统的结构，影响了地表水和地下水，改变了下垫面的条件，还影响了气候条件。不同用水方式对天然水资源的作用不同，同时也会对社会、经济和生态环境产生不同的影响（胡振鹏等，2003）。需要根据不同类别的水权进行配置和管理，如收益权、经营权、转让权、管理权、处置权，以及剩余索取权。但是仅配置了初始产权还不够，还要将相应的责、权、利落实到责任主体，设置激励和约束机制，完善产权管理手段和措施。

六、环境规制理论

环境规制是政府规制理论的衍生内容之一，是指政府通过一系列的政策法律措施对生态环境系统中的相关主体的经济活动进行调控，以实现生态环境保护与经济社会的协调可持续发展。最初环境规制是指政府采取的非市场化的直接调控，随着对政府规制研究的不断深入，包括财税、补贴、经济刺激、排污权交易等市场化手段的不断丰富，环境规制逐渐出现了行政法规与市场化手段相结合的新局面。效率与公平理论为实施生态建设并由政府建立生态补偿机制提供了依据。例如，根据帕累托最优理论，退耕还林等流域上游地区生态建设项目的实施，其实质上是在进行土地利用结构的调整，从宏观上来讲所得大于所失，长期利益大于短期损失。同时，为了达到相对的公平，在市场失灵的领域，需要政府适当地发挥作用。

七、成本收益理论

成本收益分析是政府监管分析的一项重要工具，成本收益分析将待评估的政府监管政策可能产生的收益和成本用货币单位量化，为政策决策者判断备选方案的效率，也就是哪个备选方案对社会的净收益是最大的，提供一个清晰明确的指引。尽管对成本收益分析的各种描述性定义在表述上有差异，但其所表达的内涵是一致的，对成本收益分析的原则、方法和程序也存在共识。首先，成本收益分析是将经济学，或者说是福利经济学的分析方法和工具应用于政府或者国际组织的公共投资决策、政策法规制定过程中，为监管者提供决策依据。其次，成本收益分析最大的特点是将成本和收益货币化，进而进行比较，以收益大于成本或者收益能够证明成本的正当性作为决策规则。最后，评估者应当站在提高社会整体福利的角度进行分析评估，而不是从部门利益或者个人利益出发进行分析；评估成本收益的地理边界一般限制在一国范围内，或者成员国范围内。基于以上学者对成本收益分析概念的阐述，本书认为成本—收益分析是综合运用经济学的分析方法，对法规或政策建议可能对经济、社会、环境产生的影响，进行成本、收益量化或者货币化的一种分析评估方法，其实质是预测法规实施后产生的社会总成本、总收益和净收益。成本收益分析为组织和分析信息提供了一个有用的分析框架，并且增加了成本和收益的可比性，从量化政府监管的成本和收益角度讲，成本收益分析提高了政府监管的效率。

八、区域协调发展理论

中国的区域经济理论也经历了均衡发展、不均衡发展到协调发展的演变。改革开放前，传统生产力布局理论和马克思主义经典作家关于平衡发展的思想支配着中国区域经济理论，因此，中国区域经济理论主要是区域均衡发展理论。到了 20 世纪 80 年代，从提高效率的角度出发，理论上形成了区域重点发展论。这一时期，影响最大的是夏禹龙等（1982）提出的梯度理论。后来，由于区域差距的不断扩大，为缓解东西差距，学者又陆续提出 T 型发展理论、π 型布局理论等所谓的"区域发展中性论"（权衡，1997）。随着改革的不断深化，理论界对区域发展问题的研究又进入了区域协调发展的新阶段。魏后凯（1995）提出了非均衡协调发展战略，指出区域经济的非均衡发展是欠发达国家经济发展的必经阶段，但国民经济作为一个有机的整体，各地区、各产业的

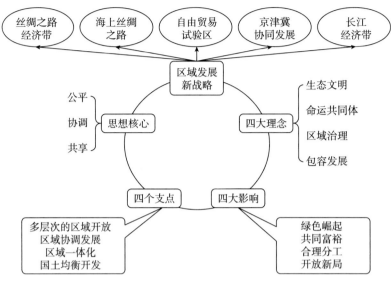

图 2 - 1　新区域发展观

资料来源：笔者绘制。

发展需要保持协调。非均衡协调发展概念实质上是一种寻求把效率与平等目标统一于一体的"边增长、边协调"的思想。强调适度倾斜和协调发展相结合，成为非均衡协调发展思想的核心内容。曾坤生（2000）提出的区域经济动态协调发展观也体现了在发展中求协调，注意适时、适地、适度支持某些地区和产业优先发展，以达到整体经济的快速发展的思想。适时、适度的重点倾斜与全面协调发展相结合，是动态协调发展思想的核心内容。关于区域协调发展的理论支撑，李具恒（2004）将梯度的内涵扩展至自然要素、经济、社会、人力资源、生态环境、制度等多维层面，以梯度的多元层面含义、梯度之间的互动关联及其梯度推移的多元交叉互推机理整合了众多区域发展理论，尝试以广义梯度理论构建区域经济协调发展理论的合理内核。颜鹏飞和阙伟成（2004）立足增长极理论，论述了区域协调性增长及对于实现区域协调发展的意义。兰肇华（2005）认为，产业集群理论应该是指导中国区域非均衡协调发展的理论选择。他通过比较认为，产业集群理论可以克服梯度转移理论和增长极理论的缺陷，适合中国目前地区差异大的特点。产业集群通过发挥欠发达地区比较优势，有助于促进区域经济内源性发展；有助于构建区域创新体系，促进区域创新；有助于减少政府过多干预，减轻政府负担。

党的十八大之后，习近平总书记审时度势，提出了新的区域发展战略思想，如图 2-2 所示。他多次强调要继续实施区域发展总体战略，促进区域协调发展。习总书记亲自提出和推动了许多全新的战略构想和战略举措，比如丝绸之路经济带、海上丝绸之路、中国（上海）自由贸易试验区、京津冀协同发展、长江经济带等，为传统区域发展和开放型经济新体制的理论和实践赋予了全新的内涵，注入了鲜活的动力。这些国家战略，从点到线再到面，从陆上到海上再到海外，从沿海到内陆再到沿边，大开大合，以"国内外联动、区域间协同、外部协同与内部协同并重"理念为统领，打破了单纯的行政区划甚至国界限制，把区域经济规划扩大到跨市、跨省乃至跨国，力图使生产要素摆脱行政区划束缚，在更大的空间内进行流动和组合。习总书记提出的区域发展新观念，将带领中国区域发展迈进新时代。

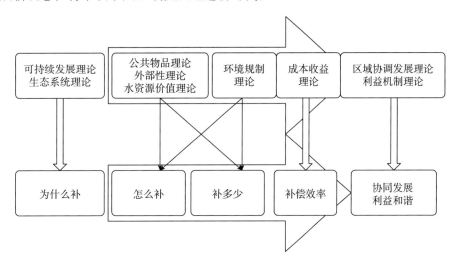

图 2-2　理论分析框架

资料来源：笔者绘制。

九、利益机制理论

马克思曾指出"历史不过是追求着自己目的的人的活动而已，而人们奋斗所争取的一切，都同他们的利益有关"。利益是人们从事社会活动的根本动力和出发点。古典经济学家亚当·斯密曾说过："无数自私自利的经济人在一只无形的手的指挥下，从事着对整个社会有益的经济活动，且不因出自本意就对社会有害，追求自身利益往往更有效地促进社会利益。"由此可以看出，利益驱动成为任何社会活动动力来源。利益对不同社会主体、客体及中介组织产生作用的机理就形成利益机制，在利益指引下，利益机制将利益的产生、分配、协调和保障有机地联系起来，形成对极易分配格局的有效调整和约束。利益机制是利益对主体社会行为产生作用的机理和方式。在经济利益驱动下，利益机制将不同主体、客体和中介有机地结合起来，形成利益代表机制与表达机制、产生机制与分配机制、利益协调机制与保障机制，这"三组六机制"在利益运行中发挥着至关重要的作用。

经济利益作为人类一切经济活动的直接目的和最终目的，赋予了以人类经济活动为中心的所有社会活动全过程以指向性和生命力，任何人类社会活动，特别是经济活动都可以找寻到经济利益的作用和影子。在经济利益的作用过程中，利益主体、利益客体和利益中介的活动三部分有机结合起来的利益机制处于基础核心地位，成为推动经济活动的关键性因素。生态补偿将环境的外部性和非市场价值转化为真实的经济激励，是调整经济发展与环境保护相关主题之间利益关系的一种制度安排，流域水资源生态补偿就是对流域水资源保护和生态环境建设行为的一种利益驱动机制、鼓励机制和协调机制。

十、理论分析思路

可持续发展理论揭示了人类的经济活动和社会发展必须保持在资源和环境

的承载能力之内，也是实施水资源生态补偿的理论基础。从系统论的角度看，目前中国水资源利用的现实情况是经济潜力的增长速度远远超过了水资源潜力的增长速度，进而导致局部性甚至全局性的水资源环境——社会系统的失衡。恢复和维护已经受到破坏的水资源环境及其生态潜力是中国当前的迫切需要。而流域水资源生态补偿就是最终补偿水资源生态损失与维系水资源生态潜力的一种有效的制度和途径。水资源的准公共物品属性及由此造成的水资源利用与保护的外部性问题，是流域水资源生态补偿的重要原因。发达的下游地区如何补偿不发达地区的内部不经济，促进共同进步，是解决流域水资源生态保护中的外部性问题、促进全流域和谐协调及可持续发展的需要。水资源具有各种生态环境服务功能和社会经济服务功能，其价值是确定流域水资源生态补偿标准的基础。通过环境规制，政府运用一系列的政策法律措施对水资源生态环境系统中的相关主体的经济活动进行调控。运用成本收益理论，对环境规制的成效进行分析，即对流域水资源生态补偿效率进行测度，找出问题，进而促进区域协调发展及利益和谐。

第三章 中国流域水资源生态补偿制度及实践分析

第一节 中国生态补偿制度的发展及探索

一、生态补偿制度的发展

在中国，计划经济及对 GDP 强烈的增长需求造成了自然资源的过度开发和低效利用，这不仅导致自然资源的快速消耗，还导致环境、经济和社会利益之间的严重冲突。虽然生态补偿制度主张和实施资源保护、生态保护和环境保护，但也出现了一些不可避免的问题，这其中包括经济结构不平衡和社会不公平。2002 年中国创立了生态补偿制度相关的环境管理方案和排污收费计划，但它并非真正的生态补偿，而仅是环境部门为污染预防、控制和管理而收取的费用。因此，当前亟须建立生态补偿机制。

中国拥有丰富的自然资源，但是由于人口众多，人均可用资源水平与世界平均水平相比还很低。因此，对自然资源有效和高效地开发利用成为经济和社会发展战略的基础。此外，建立适当合理的生态补偿制度对于保护生态系统、确保可持续发展、调节利益相关者之间的利益关系，以及推动环境公平十分重要。

20 世纪 90 年代初，中国实施了针对森林的生态效益补偿。为了便于实施生态补偿机制（Ecological Compensation Mechanism，ECM），中国在 2010 年 4 月起草了《生态补偿条例》，其中涉及森林、草地、湿地、资源开发、海洋、流域、生态功能区等多个区域。截至 2021 年 4 月，该条例还没有正式颁布，不过目前的 ECM 已涉及流域、资源开发、生态系统服务和自然保护区这四个主要区域，当前补偿的主要接受者是地方机关、地方政府、农民和牧民。

在中国，ECM 是在 20 世纪 90 年代被提出来的，用来解决森林生态效益的补偿问题。近 20 多年来，生态补偿机制已逐渐被运用到其他资源领域。自然资源是重要的原材料，也是经济和社会发展的制约因素。近年来，资源的快速枯竭已经变成世界各地政府和组织主要关注的问题之一。早在 70 年代，发达国家的政府已经开始制订计划将资源型产业改造为环境友好型、资源消耗少的产业以维持可持续发展。在经济转型计划实施中，政府主导和高补偿支付成为两个主要手段，以确保经济转型的效率。生态补偿可以理解为对生态系统服务和自然资源保护付费，补偿开发造成的机会成本，为生态系统的破坏、自然资源的消耗和环境污染付费，这种补偿通过货币支付或经济补偿来实现。因此，ECM 可以限制经济发展对环境的破坏，为环境友好型发展提供经济激励，鼓励环境保护，为生态修复和环境整治提供安全可持续的财政资金。

通过政府和市场技术，ECM 是环境保护和自然资源利用中调节利益相关者关系的重要工具之一。一般来说，ECM 是根据可用自然资源、人口、经济结构，以及环境容量等情况建立的。ECM 的实施可以分为三个层次：宏观层面、中观层面和微观层面。宏观层面上的主体是中央政府。中观层面是地方政府执行的区域 ECM 方案。微观层面是交易补偿方案的实施，比如开发利用自然资源的受益人和遭受生态利益损失的当地居民之间的补偿。

在中国，因为城市化地区和自然资源区的经济情况差异，其主要的区域发展策略有效大差异，造成了区域可持续发展方式的不平衡和不合理。虽然中央和地方政府选取了很多地方作为生态补偿机制试点，但是因为自然资源利用中出现了不同层次的问题和障碍，取得的成效不大。

二、生态补偿的资金来源

目前，在中国的生态补偿制度的建立中，中央政府发挥了领导作用，通过财政转移支付、专项资金、资源税收制度、区域政策、大型生态保护工程项目等方式支持。

第一，财政转移支付。财政转移支付是一种促进各地区经济发展和社会发展之间平衡和协调的财政政策，也是一种把国家财政收入转化为地方社会福利和财政补贴的主要区域补偿机制。因此，它是减轻中央和地方政府之间纵向（中央到地方）和横向（地方到地方）经济状况不平衡的有效手段。1994 年以来，中国为了缩小区域经济发展的巨大差距，财政转移支付成为生态补偿的主要手段。

第二，专项资金。为了有效地执行 ECM，专项资金是 ECM 方案一个重要的资金来源，由政府部门和机构发起并管理，包括国土资源部（Ministry of Land and Resources，MLR）、国家林业局（State Forestry Administration，SFA）、水利部（Ministry of Water Resources，MWR）、农业部（Ministry of Agriculture，MOA）和环保部（Ministry of Environmental Protection，MEP）。为了给环境保护和建设提供资金补贴和技术支持，出台了很多政策，并建立了专项基金，包括农村新能源建设、水土保持补贴、农田保护、公益生态林基金等。1999 年，农业部建立沼气工程项目基金，国家林业局成立森林生态效益补偿基金，水利部和财政部联合成立中央财政小型农田水利设施建设补助专项资金和国家水土保持重点建设工程补助专项资金。另外，广东省和浙江省的公益生态林基金分别提供 12000 元/平方千米和 10500 元/平方千米的补贴。

第三，资源税收制度。一般情况下，资源在被提取时或在被提炼和加工成其他产品之前由省政府收取资源税。此项税收是经济贫困地区当地政府重要的财政资金来源。按照之前的资源税收条例，资源税是根据生产量而不是销售价值确定的。在较为贫困的省份，新的资源税收体系会把公司利润转移给政府，这为中国省政府提高财政收入创造了条件。新的税收条例中包含了七种不同的自然资源，即原油、天然气、煤炭、非金属矿、黑色金属矿、有色金属、金属矿和盐。此外，有两种类型的资源税率：以销售价值为基础的税率和以销量为基础的税率。以销售价值为基础的税率适用于原油和天然气，而以销量为基础的税率适用于其他五类。

第四，生态补偿的支付。有三种不同的生态补偿资金的支付方法：从中央到地方、省内和省际。一是从中央到地方支付，财政转移支付基于不平衡的地方财政预算，特别是边远农村地区和少数民族自治区。支付额等于地方财政收入减去平均全国财政收入再减去税收。二是省内支付，这是"垂直的"财政转移支付，从省级政府转移到县政府，可通过支付现金（粮食分配补贴，交通补贴和劳动力成本和运营成本补贴），或者通过项目（综合农业综合开发项目、扶贫开发项目和水土保持项目）的方式进行。此外，为推动和促进地方经济发展，省政府为县政府创造机会和条件改善当地条件，如基础设施建设、经济发展（科学、技术、文化、教育和商业）和社会福利（更高的社会保障和更少的就业问题）。三是省际支付，这是同一流域各省之间"横向的"财政转移支付，特别是对长江、黄河流域等。中下游省份向上游省份有两个不同的支付方式，即直接支付（现金、食品和粮食，以及其他资源）和间接支付（企业投资与合作，接收并安置上游生态移民，以及其他一对一的支援）。

三、主要生态工程建设制度

通过生态工程，环境质量得到了很大的改进，各种补偿，如资金、资源和技术已提供给居住在项目区居民。

第一，三北防护林工程。三北防护林工程是世界上规模最大的生态工程项目之一，共投资近 5.8 千亿元，开始于 1978 年 11 月，并会持续到 2050 年。该项目的重点是中国西北、华北和东北地区的生态恢复与建设，因为那里的生态环境相当脆弱。该项目内容包括植树造林、水土保护、防风固沙。该项目覆盖面积达 4069000 平方千米，包括 13 个省市。主要包括三个阶段，这三个主要阶段又被分为八个工程阶段。根据总体规划，总的植被面积将达到 350240 平方千米，其中 263710 平方千米属于人工造林（占土地面积的 75.1%），75980 平方千米的造林外壳（占土地面积的 21.7%），以及 11140 平方千米的飞机播种（占土地面积 3.2%），把该区域森林覆盖率从 5.05% 提高到 14.95%。经过 30 多年的计划实施，到 2020 年 8 月，造林总面积达 5393 万亩，森林覆盖率增长 22.08%。

第二，天然林保护。在为生态系统服务付费的情况下，天然林保护可以分为三种类型：重要公益生态林、一般公益生态林和商品林基地。根据天然林保护工程项目，主要保护区域有两个：长江上游段和黄河中上游；中国东北和内蒙古地区。根据国家自然保护项目工程长江上游和黄河中游是该项目的重点区域。那里有 7×10^6 公顷的天然森林，占整个国家天然林总面积的 69%。随着砍伐森林的禁止，适合该地区的造林行动得以实施。在 2000～2010 年项目期间约 36.7 万公顷的山坡将会被封闭造林，86.6 万公顷的造林计划得以实施。截至 2018 年底，工程区天然林面积增加 1.5 亿亩左右。整个项目的总投资达到 400 亿元。其中，18% 是基本建设资金，81.2% 是专项资金。中国国务院还规定对于森林工业企业中有资金困难而导致将要停产的企业债务可以减轻。

第三，京津风沙源治理。京津风沙源治理项目从 2000 年开始，覆盖面积达 458000 平方千米，包括北京、天津、河北、山西和内蒙古等区域，投资近 58 亿元。目前大约有 18 万的生态移民，已经各补偿 5000 元。

第四，退耕还林（草）。退耕还林（草）是由国务院前总理朱镕基在1999年提出的，并从那以后一直延续到现在。2001年，退耕还林（草）已被列入国家经济社会发展的第十个五年计划。该项目覆盖全国22个省市，2010年退耕还林（草）的目标面积是53000平方千米，植树造林的目标面积是80000平方千米，水土保护目标面积是360000平方千米，防风固沙目标面积是700000平方千米。截至2019年9月，全国累计实施退林还草5.08亿亩，其中退耕地还林还草1.99亿亩、荒山荒地造林2.63亿亩、封山育林0.46亿亩。在这个项目中，农民和当地政府的经济损失将会从退耕还林项目中得到补偿。对于农民来说，粮食、种苗费和管理维护补贴将由国家提供，对于地方政府来说，当地政府的财政收入的减少将由国家财政转移支付补偿。

第五，退牧还林（草）。该项目由国务院于2002年12月颁布，在2003年扩大到中国西部11个省市。20世纪90年代末开始，中国政府已在大型生态工程项目上投资超过700亿元，其中的300亿元用于补偿支付。

四、生态补偿探索典型案例

有很多研究对生态系统服务的价值进行了评估，很多综合性的评估为中国生态补偿机制方案的政策制度和系统的设计提供了建设性的理论基础。此外，中央和地方政府进行了很多示范试点项目，探索ECM可行的合理的方法和措施。本书探究了八个ECM试点案例，包括三个宏观层次案例、四个中观层次案例和一个微观层次案例。在这些案例中，包括各种自然资源如森林、煤矿、草原、水域、河流，以及自然保护区等。

第一，森林的生态补偿机制。在中国，森林可以分为两类：公益生态林和商品林。森林生态补偿机制发展的里程碑是"森林生态效益补助"的建立，以及2001年11月由国家林业局和财政部共同颁布的《森林生态效益补助管理计划》。其目的是建立专项资金保护、维护，以及管理生态林的公共利益，包括关键防护林和特殊用途林。2004 年 10 月，这些政策被"中央森林生态效益补偿基金"和"中央森林生态效益补偿基金管理方案"所取代。2007 年 3 月，分别颁布中央财政森林生态效益补偿基金（中央财政补偿基金）和中央财政森林生态效益补偿基金管理方案，取代了 2004 年的政策。根据中央财政补偿基金，用于公益生态林的平均补偿标准是国有林区每年 7500 元/平方千米，集体所有的或私有林区每年 15000 元/平方千米。截至 2011 年底，中央财政补偿基金大约补偿了 839300 平方千米的公益生态林。根据不同的财政状况，一些省级政府也为区域的公益生态林设立了当地的补偿基金。由于中央和地方的森林生态补偿机制在持续完善，生态效益补偿的范围扩大到了所有退耕还林和天然林保护工程下被恢复和建立的森林。

第二，煤炭开采的生态补偿机制。中国大部分的煤炭开采属于地下开采（约占 96%），其中土地沉陷是造成环境破坏的主要原因。煤炭开采的生态补偿由三部分组成，由矿井承包商或开发商承担。第一部分直接补偿给环境受损的受害者，包括农作物补偿、居民搬迁及附属补偿，所有补偿根据相关法律和规定发放。第二部分用于生态修复、环境整治，以及行政治理，行政治理是煤矿开采生态补偿机制筹集资金的重要手段。最后一部分生态补偿费是交给可持续发展基金的税收，其中热能煤为 15 元/吨，无烟煤为 10 元/吨，焦煤为 15～20 元/吨。根据马和高（2009）的建议，生态修复、环境整治和行政治理的成本应该根据当地实际情况来估计，补偿费应该在估算出来的成本上按照固定量和固定比率的方式收取。然而，环境成本被严重低估了，因为只考虑到了土地沉陷。因此，无论是采用固定量还是固定比率的方式都不能筹集到所需的足够资金。由于化石燃料的快速枯竭，自 2008 年以来，煤炭的平均销售价格已经大幅上涨。因此，固定量的方法可能导致有人在巨大的利益面前对环保有意或无意地忽视。另外，当销售价格较高时，固定比率的方法可能募集到更多生态补偿和恢复资金。但是，该比率太低，不足以反映实际的市场经济情况。因此，有必要把这一比率至少提升到 3.5%。此外，一个灵活的比率可能更适合市场经济。

第三，草地的生态补偿机制。根据中华人民共和国国务院 2002 年 9 月颁布的《加强草原保护与建设的若干意见》的条款，政府应该给退耕还林（草）的农民和牧民提供食物、现金和牧草种子作为补贴。此外，根据 2002 年 9 月，中华人民共和国修订的《草原法》的第三十九条规定，补偿费和草原植被恢复费应该由那些利用草地的人支付。一些补偿标准也在《关于进一步完善退耕还林还草政策措施的若干意见》中确定，这份文件是由国家发展改革委、农业部、财政部和其他政府机构在 2005 年 4 月联合颁布的。另外，2007 年 4 月农业部颁布了国家草地生态保护、建设及利用总体规划，2020 年改良草原 600000 平方千米，建成封闭式草原 1500000 平方千米，人工草地 300000 平方千米。根据谁污染谁治理的原则，利用者支付，保护者受益，草地的生态补偿机制分四个部分实施：项目补偿、利用补偿、激励补偿和其他补偿。一是项目补偿，对于大多数退化的草地来说，亟须进行基础设施建设，如全封闭围栏、人工草场种植、牲畜圈养棚、种畜培育、水利、交通、灾害预防和缓解。为了恢复退化的草地，采取了一些措施，以提高对草原工程项目的投资，加强对草原的保护、建设和利用。根据草原总体规划，针对草原的保护和建设共有九个主要的工程项目，即退牧还草、沙化草原治理、中国西南喀斯特地区草地治理、优良牧草和草坪种子培育产业、草原灾害预防和缓解、草原自然保护区工程项目、游牧人民人—草—牧安置配套工程、农业领域草场利用，以及牧区水利工程项目。二是利用补偿，根据《中华人民共和国草原法》第三十九条规定，利用补偿是指开发商、污染者、受益人在利用天然草地资源时支付的生态修复和环境整治费用。然而，由于经济的快速发展和城市化造成的货币化价值的迅速变化，没有合理充分的实施工具。例如，生态修复和环境整治没有合适的补偿标准，费用收取没有合适的法律管理方案。三是激励补偿，众所周知，造成草原生态系统破坏的最主要因素是过度放牧。因此，有必要建立 ECM 方案鼓励草地和畜牧之间的平衡。例如，第一个项目为草地畜牧间的平衡提供补贴。根据中国目前的草地状况，草地的承受力是每公顷 0.75 千羊当量（Dry Sheep Equivalent，DSE）（DSE 相当于 7600000 焦耳/天），平均经济利润是 200 元/DSE，平均过度放牧率是 36%。因此补贴是 5400 元/平方千米，用来补充多出来的 36% 的放牧量。第二个项目把草地包括在农业补贴里，为牧草种子和人工种草提供补贴。四是其他补偿，很多地方政府颁布了草原生态补偿的补贴政策，例如，围栏建设补贴、机械化补贴、减少放牧的补贴，给予补贴目的是鼓励牧民在冬季尽早出售牲畜以减小草地的放牧压力。

第四，青海三江源区的生态补偿机制。三江（长江、黄河、澜沧江）源区是全国第一个生态保护试点区，根据"十一五"计划公布的"重要功能分区战略"，三江源区是一个零开采区。为了补偿零开采的经济损失，中央和地方政府制定实施了三江源区 ECM 方案。根据 2005 年 1 月国务院批准的青海省三江源区国家级自然保护区生态保护和建设的总规划，环境保护和建设工程内容包括退牧还草、退耕还林、生态移民、饮用水供应和水土保持，总投资 7.5 亿元。2003 年，青海省政府启动退牧还草计划以恢复天然草地，在该计划中，投资了近 41.4 亿元，恢复了 10270 平方千米的天然草地。围栏建设费为 30000 元/平方千米，饲料补贴（5 年）为 4125 千克陈米/平方千米。

第五，江西省鄱阳湖的生态补偿机制。鄱阳湖位于长江中段，是中国最大的淡水湖，通过低水位时放水，高水位时蓄水，能够帮助调节长江的水位。作为世界上最重要的七大湿地之一，鄱阳湖在生物多样性保护、淡水资源维护、防洪、气候调节、净化污染以及为人类提供生活资源方面起到了重要的作用。为了维护鄱阳湖的水资源和生态环境，保护鄱阳湖湿地和长江中下游区域的生态安全，在 2008 年提出建立鄱阳湖生态经济区，以实现区域的可持续发展，并在 2009 年正式成为国家战略。鄱阳湖区的生态补偿包括国家补偿、地方政府补偿、社会补偿和内部补偿，这些补偿可以分为：①根据《中华人民共和国水法》、《退耕还林条例》（2002）、《鄱阳湖湿地保护条例》（2003）、《中华人民共和国渔业法》（2004）及其他国家和地方法律法规，由农业部、林业局、水利部和国土部实施分项补偿机制。②由中央政府财政转移支付形成的垂直补偿机制。然而大部分资金用于生态种植、维护与管理，只有很少部分给了农民和牧民。例如退耕还湖的拆迁补偿仅为 33700 元/户，渔禁期（3 个月）的补贴仅为每年每艘渔船 400 元（Tang et al.，2009）。

第六，海南省自然保护区的生态补偿机制。自然保护区在水资源保护、水土保持、环境质量改善和生态平衡维护方面都起到了重要作用。为了维持自然保护区的生态功能和生态服务，保护生物多样性，实现可持续发展，海南在 2006 年建立了自然保护区 ECM 方案。在该方案下，生态功能和生态系统服务被分为：环境质量改善、森林资源、水资源、水产养殖、矿物、土地资源、旅游资源和野生生物。生态补偿项目包括废水处理、森林资源保护、节水设施建设、渔业资源保护、生态建设、野生动植物保护、退耕还林。实施 ECM 的主要资金来源是私营部门为使用生态功能和生态系统服务支付的费用，包括污染排放费、林业资源费、水资源费、水体使用税、矿产资源费和高门票费和高的违规处罚费等。在这些项目中，只有退耕还林的补偿是由政府的财政转移支付提供的。对于农作物的补偿如水稻是每年 825000 元/平方千米，机会成本是每年 1000 元/户（Zhen et al.，2006）。

第七，四川省自然资源利用的生态补偿机制。在四川，尽管资源丰富，由于生态补偿不足、资源税低、劳动力成本最低、资源性产品价格低等因素，经济发展并没有从对自然资源的开发和利用中受益。例如，森林培育、维护和管理的补贴是每年 1950 元/平方千米，公益生态林的补贴是每年 7500 元/平方千米。资源税是，原油 8～30 元/吨，天然气 2～15 元/立方米，煤 0.3～5 元/吨，非金属矿物 0.5～20 元/吨（或立方米），黑色金属矿 2～30 元/吨，有色金属矿 0.4～30 元/吨。就劳动力成本来看，挖掘磷矿是 10 元/吨，但矿承包商的平均售价是 280 元/吨。就资源产品来看，溪洛渡水电站的电价仅 0.3635 元/度，而上海的电价是 0.6 元/度（Liu et al.，2008）。

第八，云南省流域保护的生态补偿机制。松花坝水源保护区位于云南省昆明，由于水价低，居民没有得到足够的补偿，因为大部分补偿被用于基础设施建设，用于维护和管理的费用最少。补偿只提供给生态建设和水源地保护，缺乏其他形式的补偿。目前，主要有三种类型的补偿：生产补贴、生活补贴和管理补贴。一是生产补贴，对于种植水稻和玉米的，补贴为每年 30000 元/平方千米。对于退耕还林的，退耕还水源涵养林（12 年）的、退耕还经济林（8 年）的，现金补贴是每年 450000 元/平方千米，照料维护和管理的补贴是 5 年 30000 元/平方千米，平衡施肥的补贴是每年 75000 元/平方千米。二是生活补贴，对于保护区的居民，燃油补贴是 8 元/人·月，医疗补贴是 8 元/人·年。对于在保护区之外工作的居民，补贴是 300 元/人·年，对于在保护区外就读高中或同等学力学校的学生，补贴是 300 元/人·年。三是管理补贴，对于长期进行森林维护的工作人员，补贴 200 元/人·月，森林清洁人员，补贴 300 元/人·月。

第二节　中国主要流域水资源状况

一、2011～2013 年中国主要流域水资源环境的总体状况

2011～2013 年，全国地表水总体为轻度污染。但是，2011 年湖泊（水库）富营养化问题仍突出，2013 年部分城市河段污染较重。

2013 年，省界水体水质为中。主要污染指标为氨氮、化学需氧量和高锰

酸盐指数。如表 3 - 1 所示，2013 年，长江流域断面劣 V 类的比例为 7.5%，黄河流域断面劣 V 类的比例为 33.3%，珠江流域断面劣 V 类的比例为 6.4%，淮河流域断面劣 V 类的比例为 25.5%，海河流域断面劣 V 类的比例为 62.7%，辽河流域断面劣 V 类的比例为 42.9%。可以看出劣 V 类断面大多分布在跨行政区域的交界处，这说明跨行政区域的水资源保护还需要进一步协商，明确责任，共同促进流域水资源持续健康发展。

表 3 - 1　2013 年省界断面水质状况

流域	断面比例（%）		劣 V 类断面分布
	I - Ⅲ类	劣 V 类	
长江	78.0	7.5	新庄河云南—四川交界处，乌江贵州—重庆交界处，清流河安徽—江苏交界处，牛浪湖湖北—湖南交界处，黄渠河河南—湖北交界处，浏河、吴淞江江苏—上海交界处，枫泾塘、浦泽塘、面杖港、黄姑塘、惠高泾、六里塘、上海塘浙江—上海交界处，长三港、大德塘江苏—浙江交界处
黄河	45.3	33.3	黄埔川、孤山川、窟野河、牸牛川内蒙古—陕西交界处，葫芦河、渝河、茹河宁夏—甘肃交界处，蔚汾河、湫水河、三川河、鄂河、汾河、涑水河、漕河山西入黄处，黄埔川、孤山川、清涧河、延河、金水沟、渭河陕西入黄处，双桥河、宏农涧河河南入黄处
珠江	85.1	6.4	深圳河广东—香港交界处，湾仔水道广东—澳门交界处
淮河	31.4	25.5	洪汝河、南洺河、惠济河、大沙河（小洪河）、沱河、包河河南—安徽交界处，奎河、灌沟河、闫河江苏—安徽交界处，灌沟河南支、复新河安徽—江苏交界处，黄泥沟、青口河山东—江苏交界处
海河	27.1	62.7	潮白河、北运河、沟河、凤港减河、小清河、大石河北京—河北交界处，潮白河、蓟运河、北运河、沟河、还乡河、双城河、大清河、青静黄排水渠、子牙河、子牙新河、北排水河、沧浪渠河北—天津交界处，卫河、马颊河河南—河北交界处，徒骇河河南—山东交界处，卫运河、漳卫新河河北—山东交界处，桑干河、南洋河山西—河北交界处
辽河	21.4	42.9	新开河吉林—内蒙古交界处，阴河、老哈河河北—内蒙古交界处，东辽河辽宁—吉林交界处，招苏台河、条子河吉林—辽宁交界处

资料来源：2013 年中国环境状况公报。

二、2011～2013 年中国废水中主要污染排放情况

2011～2013 年全国废水中的主要污染物的排放量呈下降趋势，如表 3 - 2 所示。

表 3 - 2   2011～2013 年全国废水中主要污染物排放量

年份	化学需氧量（万吨）				氨氮（万吨）				
	排放总量	工业源	生活源	农业源	集中式	排放总量	工业源	生活源	农业源	集中式
2011	2499.9	355.5	938.2	1186.1	20.1	260.4	28.2	147.6	82.6	2.0
2012	2423.7	338.5	912.7	1153.8	18.7	253.6	26.4	144.7	80.6	1.9
2013	2352.7	319.5	889.8	1125.7	17.7	245.7	24.6	141.4	77.9	1.8

资料来源：2013 年中国环境状况公报。

三、中国流域水资源开发利用中存在的主要问题

1. 水资源供需矛盾十分突出

中国人均水资源占有量使世界平均水平的 1/4，是最缺水的国家之一。同时中国的水资源分布极不平衡，长江流域以南水资源占全国的 70%，而长江以北，水资源仅占全国的 30%，尤其是北方黄河、淮河、海河、辽河等流域水资源更为缺乏。中国 660 余座城市中，约 400 座供水不足，其中较严重缺水的有 110 个，年均缺水量达 60 亿立方米。

2. 水污染严重

黄河、辽河、淮河、松花江和海河五个区符合和优于Ⅲ类水的河长仅占 42%～30%。就是水资源十分丰富的长江、珠江流域，目前大部分位于城市的河段，由于生活污染较多，造成水质污染巨大。

3. 水资源过度开发

在北方缺水地区，地下水超采问题严重。由于地下水超采，加速了浅层地

下水污染向深层扩展。在中国水资源丰富的长江流域也出现了因地下水超采而形成的漏斗地区。

4. 用水浪费现象严重

农业、工业及城市是中国水资源的三大用户，这三大用户都普遍存在着用水浪费的现象。据统计，在中国华北平原，一半的水在农田输水过程中因渗漏而损失了。在工业领域，由于现有用水设施技术落后，中国工业万元产值用水量为 103 立方米，是发达国家的 10 ~ 20 倍。目前，中国工业用水的重复利用率仅为 55% 左右，而发达国家平均为 75% ~ 85%。

5. 一些河口三角洲地区及沿海地区海水倒灌、咸潮上溯的现象显著

中国一些河流入海口及沿海地区由于受流域水资源开发利用整体性以及自然气候条件的影响，出现了海水倒灌、咸潮上溯现象，严重影响沿海地区饮水安全。如上海市城市供水也长期受到咸潮上溯的影响，三峡水库蓄水和南水北调工程实施后，如何化解影响是一个亟待解决的问题。

第三节 流域水资源生态补偿制度回顾

多年来，为了保障流域的生态安全、保证流域水资源的可持续利用，大多数河流上游地区都投入了大量的人力、物力和财力进行生态建设和环境保护。然而中国大多数河流的上游地区往往是经济相对贫困、生态相对脆弱的区域，这些区域很难独自承担建设和保护流域生态环境的重任，同时这些地区摆脱贫困的需求又十分强烈，导致流域上游区域发展经济与保护流域生态环境的矛盾十分突出，要协调好这种关系，就需要下游受益区和中央政府来帮助流域上游地区分担生态建设的重任。所以，建立流域生态补偿制度，实施中央及下游受益区对流域上游地区的流域水资源生态补偿，可以理顺流域上下游之间的生态

关系和利益关系，加快上游地区经济社会发展并有效保护流域上游的生态环境，从而促进全流域的社会经济可持续发展。

一、生态环境补偿费制度

生态环境补偿费是指针对排污征收范围之外的环境破坏行为进行的一种收费，但其概念不够明确，虽然在政策制定时已经尽可能地阐明了，但是，没有完全界定清楚生态环境补偿费与其他几项收费制度的根本区别。这种概念在实践中，大多是为直接开发者和直接使用者设定，涉及的范围过于狭窄。实际上，对于一些具有全局性和区域性的重要生态功能区域，其提供的生态服务的受益者可能不仅是周边地区和一些直接的利益相关者。生态环境补偿资金除了进行生态环境的保护和恢复，对于相关的组织和个人也要进行补偿。

实际上，不仅应该实施生态建设和污染治理等项目，保质保量地提供生态服务产品，还应该补偿生态服务产品的提供者。

二、退耕还林（草）制度

中国长期以来重视粮食产业的发展，但这严重地破坏了生态环境，特别是长江、黄河等上游地区，由于长时期的毁林开荒，使上游生态环境遭到严重破坏，水源涵养功能下降，水土流失严重。退耕还林（草）是由前任总理朱镕基在1999年提出的，并从那以后一直延续到现在。2001年，退耕还林（草）已被列入国家经济社会发展的第十个五年计划。该项目覆盖全国22个省市，到2010年退耕还林（草）的目标面积是53000平方千米，植树造林的目标面积是80000平方千米，水土保护目标面积是360000平方千米，防风固沙目标面积是700000平方千米。截至2019年9月，全国累计实施退耕还林还草5.08亿亩，其中退耕地还林还草1.99亿亩、荒山荒地造林2.63亿亩、封山育林0.46亿亩。在这个项目中，农民和当地政府的经济损失将会从退耕还林项目中得到补偿。对于农民来说，粮食、种苗费和管理维护补贴将由国家提供，对于地方政府来说，当地政府的财政收入的减少将由国家财政转移支付补偿。

陕西安康地区作为国家南水北调中线工程的主要水源涵养区，丹江口水库以上控制着汉江60%的流域面积，其水源主要靠上游补给，安康市10个县区均列入全国天然林保护和退耕还林（草）规划，全市耕地面积约为51万公顷，累计完成退耕还林面积25公顷。退耕还林后，实现了汉江水资源的合理开发和永续利用。汉江出境断面水质常年保持在国家Ⅱ类水质标准。但退耕还林实施过程中也存在一些问题。政策实施期限届满之后的政策不到位，补偿标准过低，没有充分听取农民的意见和基于市场价值规律来制定，如何协调整个国家的流域水资源生态安全、环境利益与农户自身的经济利益之间的矛盾将是流域水资源生态补偿制度建立和完善必须着重考虑的问题。

三、生态公益林补偿金制度

很多具有重要生态功能的森林面临采伐的危险，为了解决生态公益林管护、抚育金缺乏和管护人员经济收益的问题，1998年通过的《森林法修正案》规定，国家建立森林生态效益补偿基金，用于提供生态效益的防护林和特种用途林的森林资源、林木的种植、抚育、保护和管理。2000年1月发布的《森林法实施条例》中明确规定，防护林、特种用途林的经营者，有获得森林生态效益补偿的权利，从而使森林生产经营者获取补偿的权利法定化。2001年财政部下发《森林生态效益补助资金管理办法（暂行）》（财农〔2001〕190号），开始对生态公益林实施生态效益补偿。2004年财政部和国家林业局印发了《中央森林生态效益补偿基金管理办法》，明确提出，为了保护重点公益林资源，促进生态安全，根据《中华人民共和国森林法》和《中共中央、国务院关于加快林业发展的决定》，财政部建立中央森林生态效益补偿基金。补偿范围为国家林业局公布的重点公益林林地中的公有林地以及荒漠化和水土流失严重地区的疏林地、灌木林地和灌丛地。平均补助标准为75元/公顷·年，其中67.5元用于补偿性支出，7.5元用于森林防火等公共管护性支出。公共管护支出用于按江河源头、自然保护区、湿地、水库等区域规划的重点公益林的森林火灾预防与补救、林业病虫害预防与救治、森林资源的定期定点监测支出。

因为市场失灵，土地所有权人没有动因去实现恢复干预措施。因为土地所有权人带来的外部性使他们有所获益，所以生态系统管理不善。这些结果强调了发展新补偿机制和巩固现有机制的需要，使森林恢复与其他用地相比更具竞争性。很多具有重要生态功能的森林面临采伐的危险，为了解决生态公益林管护、抚育金缺乏和管护人员经济收益的问题，公共管护支出用于按江河源头、自然保护区、湿地、水库等区域规划的重点公益林的森林火灾预防与补救、林业病虫害预防与救治、森林资源的定期定点监测支出。森林是一个重要的陆地生态系统，提供多种生态服务。但是，在经济学上总是低估森林的重要性，因为生态服务具有外部性和公共产品的性质。森林补偿是一种转换机制，通过补偿由于提供生态服务而造成损失和成本的个人或企业，来使森林生态服务的外部性内部化。中国目前的森林生态补偿主要集中在非商业林。与生态服务相联系的主要措施有：对破坏活动进行指控，如任意砍伐；对个人或地区的行为进行补偿；对森林保护进行投资。是森林生态效益补偿金的重要来源。完善森林生态补偿体制，关键是制定和建立非商业林的补偿标准。这些标准应该考虑理论上的合理性和实际的可操作性，应该在定量估价生态服务的基础上。虽然在这方面有所成绩，但中国实施有效的森林生态补偿制度还有不足，仍面临很多问题。应该对主要的非商业林在分类的基础上进行动态管理，在市场经济环境下建立多资金来源的生态补偿机制。

四、天然林维护建设制度

在为生态系统服务付费的情况下，根据天然林保护工程项目，主要保护区域有两个：长江上游段和黄河中上游；中国东北和内蒙古地区。根据国家自然保护项目工程长江上游和黄河中游是该项目的重点区域。那里有 70 万公顷的天然森林，占整个国家天然林总面积的 69%。随着砍伐森林被禁止，适合该地区的造林行动应得到实施。在 2000～2010 年项目期间约 36.7 万公顷的山坡将被封闭造林，86.6 万公顷的造林计划得到实施。截至 2018 年底，工程区天然林面积增加 1.5 亿亩左右。整个项目的总投资达到 400 亿元。其中，18% 是基本建设资金，81.2% 是专项资金。中国国务院还规定对于森林工业企业中有资金困难而导致将要停产的企业债务可以减轻。

政策实施后，砍伐得到有效遏制，客观上维护了社会的稳定。但在实施过程中也存在一些问题，补偿对象只是针对保护森林的人，但许多农牧民的生产生活也可能对森林的生态功能产生不利影响，并不利于当地群众保护森林的积极性，从而影响了天然林保护效果。

五、水资源费制度

中华人民共和国国务院 1993 年出台《取水许可证制度实施办法》，对水资源的利用进行规范，发挥了积极作用。关于农业用水相关规定的水资源费有关规定。农业是水资源利用的大户，如何妥善处理农业生产直接取水的水资源费征收问题，关系到节约水资源和农业减负增收的问题，国家在政策制定过程中给予了高度重视。为了实现有意义的可持续发展，环境影响评价应该避免环境资源基础的净损失。但是环境影响评价实践没有能够总是避免损失，这些损失是由环境影响评价规则下的项目建设造成的。有些环境影响是默许的，甚至强制执行任何形式的补偿。当实施补偿时，有时也只是用金钱给付来弥补环境损失。寻找环境影响评价实践中补偿作用的证据。在1302决策记录中是如何处理补偿问题的，这些补偿问题是环境影响评价规则管制的项目造成的。了解通过环境影响评价实践来管理维护环境资源基础还有多远。环境影响评价下的生态补偿实践远远没有达到理论上预期的水平，即避免环境资源基础的净损失，主要是因为环境影响评价实践集中于现场缓解，这样就导致了净损失。

实施水资源费的一个重要目的是调节水资源的供需关系。一般情况下，水资源的供需矛盾越大，水资源的标准也应该更高。但是，在水资源费标准的制定过程中，要因对象而异，对于生活用水，应重点倾斜；对于其他生产性用水单位，可以依据市场价格对其进行调整从而拉开档次，有利于产业结构的调整。

六、中国流域水资源生态补偿的法律条款和近年来的政策法规

1. 流域水资源生态补偿的法律条款

目前，中国还没有专门关于流域水资源生态补偿的法律规定，但是在中国有关水资源利用和环境保护的相关法律中找到一些零散的法律规定。

从表3-3可以得出一个结论：任何对流域造成污染的人都必须承担责任。这反映了环境立法的原理。也就是说，谁制造了污染谁就有义务来解决污染。上游为下游的经济损失做赔偿。这是与法律规定一致的。因此流域生态补偿在中国有着深厚的法理基础。

表3-3　中国流域生态补偿相关的主要法律条款

法律名称	条款
《中华人民共和国宪法》	第九条　国家保障自然资源的合理利用，禁止任何组织或者个人用任何手段侵占或者破坏自然资源

续表

法律名称	条款
《中华人民共和国民法通则》	第八十三条　不动产的相邻各方，应当按照有利生产、方便生活、团结互助、公平合理的精神，正确处理截水、排水、通行、通风、采光等方面的相邻关系。给相邻方造成妨碍或者损失的，应当停止侵害，排除妨碍，赔偿损失 第一百二十四条　违反国家保护环境防止污染的规定，污染环境造成他人损害的，应当依法承担民事责任
《中华人民共和国环境保护法》	第十六条　地方各级人民政府，应当对本辖区的环境质量负责，采取措施改善环境质量 第十九条　开发利用自然资源，必须采取措施保护生态环境 第四十一条　造成环境污染危害的，有责任排除危害，并对直接受到损害的单位或者个人赔偿损失。赔偿责任和赔偿金额的纠纷，可以根据当事人的请求，由环境保护行政主管部门或者其他依照法律规定行使环境监督管理权的部门处理；当事人对处理决定不服的，可以向人民法院起诉。当事人也可以直接向人民法院起诉
《中华人民共和国水污染防治法》	第五条　国家实行水环境保护目标责任制和考核评价制度，将水环境保护目标完成情况作为对地方人民政府及其负责人考核评价的内容 第五十五条　造成水污染的部门应该负责消除损害，赔偿损失
《中华人民共和国水法》	第三条　水资源属于国家所有。水资源的所有权由国务院代表国家行使。农村集体经济组织的水塘和由农村集体经济组织修建管理的水库中的水，归各该农村集体经济组织使用
《中华人民共和国水法实施细则》	合理利用水资源的基本原则包括取水许可制度、水资源有偿使用制度和征收水资源费。涉及水资源开采与水资源污染罚款的规定也在计划中
《排污税征收和使用法规》	排污税应当根据排到大气、海洋和水域中的排放物的程度和数量来征收。当排量超标时应当征收双倍费用

中国尽管建立了完备的资源法和环境保护法体系，许多法规和政策文件中都规定了对生态保护与建设的扶持、补偿的要求及操作办法。但当前的法规体系中相关规定仍存在以下问题：

（1）现有法律对流域水资源生态补偿各相关利益方的责、全、利等规定不清晰。流域水资源生态补偿需要对多个利益主体（利益相关者）之间的权利、义务和责任进行重新分配和平衡，要明确各利益主体的角色定位及相应的权利义务和责任内容。目前涉及生态保护和生态建设的法律法规，缺乏对利益主体的明确的界定，对其在生态环境方面的权利及义务责任仅限于原则性规定，多为自愿要求补偿，而强制性补偿要求鲜有规定，各利益相关者无法依据法律规定，明确自己在生态环境保护方面责、权、利的关系，出现生态环境保护的"公地悲剧"。

（2）流域水资源生态补偿立法落后于水资源保护的发展形势，现有法律对经济发展过程中出现的新的生态问题和生态保护方式缺乏有效的法律支撑，远远滞后于生态科学的发展。迅速发展成为生态保护与建设的重点内容或发展方向的新的生态问题、管理模式和经营理念，迟迟无法纳入国家管理范畴，严重落后于生态问题和生态管理的发展速度。

（3）重要法律法规没有对流域水资源生态补偿的相关内容进行明确规定。中国当前只有部分法律法规对流域水资源生态补偿的范围有所涉及，但没有直接明确对流域水资源生态补偿的相关处理进行详细说明。例如，《中华人民共和国水法》规定了水资源的有偿使用和水资源费的征收制度，地方政府也制定了相应的水资源费管理条例，但尚未将水资源保护补偿、水土保持纳入水资源费的使用范畴。

（4）地方要结合实际情况执行法律规定。中国地域辽阔，东、中、西部自然条件和社会发展水平差异巨大，理应在生态保护法律法规执行方面因地制宜，实行梯度政策，差别对待，以保护"弱势地区"的权益。

2. 财政转移支付政策

财政转移支付政策主要是利用各种经济诱因来控制和管理社会经济发展，改变地区和社会的经济发展模式。在当前的金融体系下，财政专项拨款和专项资金在建立生态补偿系统的过程中发挥着重要角色。1998～2002年，政府通过各种手段在各级筹集资金来确保在公共领域的支出（例如，农村建设和环境保护）基础设施的投资不断增加，包括河道的治理和重要的生态工程建设。

1998~2001 年，政府中央财政支出 41.71 亿元投入三个重点工程，包括天然林的保护、退耕还林（草）工程、京津冀风沙治理。这些大大促进了流域生态补偿的发展。

3. 水权交易政策

中国水利部在 2005 年初始制定的"关于水权转让的建议"明确规定了用水权的转让是获得水资源利用权利的一种途径，水资源是一种基础自然资源，是一种战略性经济资源也是可持续发展的重要基础。频繁的洪水和干旱、水土流失和水污染水资源的短缺已经成为中国社会经济发展的制约因素。为了解决水资源短缺问题，最主要的途径是建立一个水资源节约型社会，并同时减少对水资源的污染、使水资源得到最优化利用、提高水资源利用率。市场在水资源合理分配的过程中扮演着重要的角色，为了企业能更好地建立水权系统，水权交易应该在所有城市中实施。与此同时，水权交易的限制也应该得到明确规定。包括以下几个内容：第一，除了国家特别规定用水户超过了规定的用水总量或超过一定的额度，水权就不能被交易给在流域区域内的其他顾客。第二，在开发受限制的地下水域水权不可以进行交易。第三，致力于保护生态环境的水权不能被转移。第四，水权转移可能影响公共利益，有关于生态环境或第三方利益的水权不能被转移。第五，水权不得转让给受国家限制的工厂。

4. 近年来国家关于流域水资源生态补偿的相关举措

随着中国经济和社会的快速发展，人民生活水平的改善和对环境质量目标要求的提高，加强环境保护，建立生态补偿机制，特别是流域水资源生态补偿机制，得到了党中央和国务院的高度重视。时任国务院总理温家宝在 2006 年 4 月 17 日召开的"第六次全国环境保护大会"上的重要讲话中明确指示："要按照'谁开发谁保护、谁破坏谁恢复、谁受益谁补偿、谁排污谁付费'的原则，完善生态补偿政策，建立生态补偿机制"，并强调"要切实保护水源地"，"要加大重点流域水污染防治力度，消除环境安全隐患，防止发生重大环境污染事件"。

2011 年出台了《全国地下水污染防治规划（2011 – 2020)》《长江中下游流域水污染防治规划（2011 – 2015 年)》，开展水质较好湖泊生态环境保护试点。国务院颁布实施《太湖流域管理条例》和《放射性废物安全管理条例》，配合推进《环境保护法》修订工作。

2011 年，中共中央、国务院发布《关于加快水利改革发展的决定》，把严格水资源管理作为加快转变经济发展方式的战略举措，要求确立水资源开发利用控制、用水效率控制、水功能区限制纳污控制"三条红线"，建立用水总量控制、用水效率控制、水功能区限制纳污、水资源管理责任与考核制度四项制度。2012 年 1 月 12 日，国务院发布了《关于实行最严格水资源管理制度的意见》，从国家层面对实行最严格水资源管理制度进行了全面部署和具体安排。水利部及各级主管部门高度重视，积极落实最严格的水资源管理制度，开展了大量工作。一是建立了最严格水资源管理的目标体系。综合考虑流域水资源承载能力和环境承载能力、现状用水规模和未来经济社会发展需求，确定了流域 2015 年、2020 年和 2030 年间水资源管理"三条红线"控制指标。二是开展最严格水资源管理制度试点工作，选择具备工作基础的省、市、流域开展试点工作。三是全面加强各项水资源管理工作。启动了重要江河水量分配工作，成立了水利部水量分配工作领导小组，强化用水效率管理。编制完成《节水型社会建设"十二五"规划》，强化水功能区限制纳污管理，开展了省界缓冲区监测断面复核及确认工作，进一步加强入河排污口监督管理和分阶段限排总量控制方案制定工作。四是加强水资源监控能力建设。制定了《国家水资源监控能力建设项目实施方案》，全面加强取水、水功能区和省界断面水资源监控能力建设。

2011 年 12 月 28 日，国务院批复了《全国重要江河湖泊水功能区划（2011 –2030)》（以下简称《区划》）。全国重要江河湖泊一级水功能区共

2888 个，区划长度 177977 千米，区划面积 43333 平方千米；二级水功能区共 2738 个，区划长度 72018 千米，区划面积 6792 平方千米。一、二级水功能区 总计为 4493 个（开发利用区不重复统计），81% 的水功能区水质目标确定为Ⅲ 类或优于Ⅲ类。《区划》是全国水资源开发利用与保护、水污染防治和水环境 综合治理的重要依据，也是全面落实最严格水资源管理制度、确立水功能区限 制纳污红线的重要支撑。

2012 年 1 月 12 日，国务院发布了《关于实行最严格水资源管理制度的意 见》，从国家层面对实行最严格水资源管理制度进行了全面部署和具体安排。 2012 年，完成了所有省（区、市）用水总量、用水效率和水功能区限制纳污 控制指标分解确认工作，扎实推进首批 25 条重要跨省江河流域水量分配工作， 发布《节水型社会建设"十二五"规划》，强化水功能区监督管理，启动了国 家水资源监控能力建设项目。

2012 年 3 月 5 日，第十一届全国人民代表大会第五次会议在北京人民大 会堂召开。时任国务院总理温家宝作政府工作报告。报告指出，我们要深入贯 彻节约资源和保护环境基本国策。加强环境保护，着力解决重金属、饮用水 源、大气、土壤、海洋污染等关系民生的突出环境问题。推进重点湖泊污染防 治工作，太湖等流域水质得到初步改善。安排 25 亿元专项资金对生态良好湖 泊进行保护。自 2008 年中央财政设立国家重点生态功能区转移支付资金以来， 转移支付范围不断扩大，转移支付资金量不断增加。2012 年，转移支付范围 包括 466 个县（市、区），转移支付资金达到 371 亿元。

2012 年 4 月，国务院批复了《重点水污染防治规划（2011－2015 年)》。 对长江中下游流域 8 个省（区、市）2011 年度规划实施情况进行了考核。召 开全国环境保护部际联席会议暨松花江流域水污染防治专题会议，修订《重 点流域水污染防治专项规划实施情况考核指标解释》，建立了流域水污染防治 会商制度，开展水环境综合管理平台初期建设。签订了《新安江流域水环境补偿协议》，正式提出跨界流域水环境补偿机制。

2012 年 11 月 8 日，中国共产党第十八次全国代表大会在北京召开。时任中共中央总书记胡锦涛代表第十七届中央委员会作报告。报告指出，大力推进生态文明建设。把生态文明建设放在突出地位，融入经济建设、政治建设、文化建设、社会建设各方面和全过程，努力建设美丽中国，实现中华民族永续发展。国务院批复《全国农村饮水安全工程"十二五"规划》，开展全国地级以上城市集中式饮用水水源地环境状况评估，落实《全国地下水污染防治规划》。

2013 年 11 月 9～12 日，中国共产党第十八届中央委员会第三次全体会议在北京举行，全会提出，建设生态文明必须建立系统完整的生态文明制度体系，用制度保护生态环境。要健全自然资源资产产权制度和用途管制制度，划定生态保护红线，实行资源有偿使用制度和生态补偿制度，改革生态环境保护管理体制。

2013 年 11 月 14 日，时任国务院总理李克强在出席中国环境与发展国际合作委员会 2013 年年会的外方代表座谈会时强调，当前中国到了必须通过转型升级才能实现经济持续健康发展的关键时期。我们发展的目的是为了人民。人民群众对环境质量的要求越来越高，环保问题已经凸显为重要的民生问题。中国政府高度重视协调好、平衡好发展与环境的关系，在促进经济不断发展中更好地保护环境。

为加强水质良好湖泊的保护，国务院常务会议审议通过《水质较好湖泊生态环境保护总体规划（2013－2020）》，中央财政设立江河湖泊生态环境保护专项，安排 16 亿元对 27 个水质较好湖泊进行保护。强化生态环境保护，落实生物多样性保护战略与行动计划，开展生态保护全过程管理试点，在内蒙古、江西、广西和湖北四个省（区）开展生态红线划定技术试点。中央财政继续安排专项资金，支持天然林保护、退耕还林、草原生态保护、水土保持等重点工程，对 0.923 亿公顷国家级公益林的生态效益安排资金补偿。完善生态补偿机制，2013 年国家重点生态功能区转移支付资金达 423 亿元，范围扩大到 492 个县。继续推进新安江流域跨界水环境补偿试点，中央财政下达补偿资金 3 亿元。加快实施《重点流域水污染防治规划（2011－2015 年）》。继续开展全国地下水基础环境状况调查，启动重点地区地下水污染修复工程，出台《华北平原地下水污染防治工作方案》。

2013 年，国务院批准印发实施《华北平原地下水污染防治工作方案》，并根据两高司法解释加大对企业废水排放的排查力度，严查利用渗井、渗坑、裂隙和溶洞排放、倾倒含有毒污染物废水的违法行为。出台《城镇排水与污水处理条例》，印发《国务院关于加强城市基础设施建设的意见》《国务院办公厅关于做好城市排水防涝设施建设工作的通知》，对城市排水防涝、污水处理等进一步提出明确要求。对淮河、海河、辽河、松花江、巢湖、滇池、三峡库区及其上游、黄河中上游和长江中下游 9 个流域 25 个省（区、市）重点流域水污染防治专项进行规划，对 2012 年度实施情况进行了考核。编制完成《全国地级及以上城市集中式饮用水水源 2012 年度环境状况评估报告》，对全国 328 个地级及以上城市的 844 个集中式饮用水水源 2012 年度环境状况进行了评估。水体污染控制与治理重大科技专项共启动 21 个项目、33 个课题，在太湖、辽河、滇池和松花江等重点流域开展大集成和大示范。水体生态修复、污染源减排减毒、城市水污染控制、饮用水安全保障关键材料与设备、水环境监控与政策决策等关键技术研发取得较大进展。

2015 年 4 月 16 日，"水十条"（《水污染防治行动计划》）出台，以改善水环境质量为核心，按照"节水优先、空间均衡、系统治理、两手发力"原则，贯彻"安全、清洁、健康"方针，强化源头控制，水陆统筹、河海兼顾，对江河湖海实施分流域、分区域、分阶段科学治理，系统推进水污染防治、水生态保护和水资源管理。

第四节　中国流域水资源生态补偿实践分析

一、跨省合作的流域生态补偿

目前在水域生态环境保护比较常见的一个问题是牺牲下游的基础上开发上游。跨省的流域生态保护合作仍处在积极探索阶段。

1. 北京、天津和河北北部的合作

上游地区为保护生态环境付出了巨大损失，所以上下游的贫富差距越来越明显。北京、天津和河北北部是北京和天津河水的发源地。为了保护水源，投入了巨大的人力、物力和财力。上游地区的经济发展由于下游地区的生态环境质量的高要求而受到制约。目前专家提出四个可选方法来促进该地区的经济发展。(Liu et al.，2006)。

第一，在上下游同时建立一个绿色 GDP 评估体系，并执行生态评估估计环境污染的损失，来评估经济发展状况。

第二，要公开金融政策。国家和在下游的地方各级部门应该提供一定数量的资金，和可用的补偿基金一起建立一个特殊的生态基金补偿系统。这个特殊的基金用于赔偿水资源使用权和生态林业土地受损的区域。以及赔偿发展传统工业和高耗水的农业和当地经济在改善地表水环境的损失和生态项目和自然保护区的管理费用。

第三，探索市场补偿政策，并建立一个上游和下游地区的水权转让系统。下游地区应根据该地区的水资源市场价格定期付费。应提高水价和水污染处理收费来补偿下游地区传统行业和高耗水农业的损失。生态环境补偿的税收应在下游地区征收以提高退耕还林补贴项目的标准。政府应定期支付某些地区生态环境保护项目的管理费用。

第四，探索对技术项目的补偿政策。中央政府和下游地方各级政府应该每年在当地进行一些技术工程，推动替代产业的发展或者为无污染产业提供补贴，以支持生态产业的发展。中央政府和地方各级政府应该同意下游地区关于支持企业活动的政策来支持这些区域的发展。

2. 东江生态实践补偿区域

东江是深圳、广州，特别是中国香港的重要水源。但是在很长一段时间上下游水资源的保护过程中存在着严重的不平衡和利益冲突，尤其江西区域和广东区域之间。目前专家和政府正在广东省和香港探索生态补偿系统的补偿功能。

第一项是通过广东省建立赔偿基金来支付河源流地的三个县政府生态环境的保护和建设。这项基金的来源包括：广东省政府的财政收入；根据东江河提供给香港到广东段水的质量和数量缴纳的部分赔偿金；下游地区的部分水费；根据河源市现有的赔偿比例，枫树坝的部分发电收入。

第二项是灵活多样的技术和发展援助。一个有效的解决办法就是惠州、东莞、深圳与河源流区的三个县联合起来发展。技术和发展援助可以包括矿藏发展的技术研究、产业转移与合作项目建设、材料培训和就业机会的提供等。

第三项是建立监督机构。因为广东省是主要的生态保护受益区（也是生态破坏的主要承担者）和赔偿金的出资方，所以由广东省引导的监督机构应该与江西省合作建立。机构成员来自受益区的出资方和责任方。动态监测、赔偿金履行检查和基金使用应该定期执行以确保有效的工作。

3. 新安江流域的合作

新安江流域延伸跨过安徽省和浙江省。为了保护黄山市的生态环境，安徽省政府增加了对生态建设和环境保护投资。随着某些项目的关闭和否认，传统工业的发展受到限制，以防上游部门的经济发展受影响和上游部门与下游部门的经济缺口的增大。为了减轻环境保护和经济发展的双重压力、消除区域发展的经济缺口，一项合作经济建设和共享系统正在被建立。

考虑到水资源和水环境的特点，生态合作范围生态区是整个新安的分水岭包括杭州的两个县和整个浙江省以及黄山市整个地区和整个安徽省。当生态共享区不仅覆盖生态建设区也同时覆盖开放的包括现有的和潜在的社会经济体系。

二、省内的流域水资源生态补偿

1. 东阳—义乌水权交易

根据东阳与义乌在 2001 年 11 月 24 日签订的水权交易协议，义乌以 4 元/立方米的价格永久转让给东阳城 500 万立方米的水权。义乌市以 2 亿元人民币的价格一次性买入东阳市横锦水库的每年近 0.5 亿立方米的永久用水权，并要求东阳市保证供水质量要达到国家现行的一类饮用水标准。另外，义乌市向东阳市支付当年按实际供水量和单价 0.1 元每立方米的综合管理费用（含水资源费、大修理费、税收、工程运行维护费用、折旧费、环保费等所有费用）。水权交易其实就是水权的二次分配，市场需求是其最大的动力来源和基本前提。义乌市曾提出三个方案来解决水资源紧缺问题：第一是将原来的水库进行扩建；第二是通过新建水库并利用管道输水的方式向城区供水；第三是以出资的方式向境外买水。结合义乌的实际情况，在义乌市境内找不到合适的地址来修建水库，提水灌溉的方法也受过境水少、水污染严重等条件的制约。唯一可行的方案就是从境外引水。另外，从成本角度考虑，扩建或者是新建水库并进行水资源净化所需的费用可能远远高于交易所花的费用，这也是出城义乌市选择水权贸易的一个重要考虑因素。义乌对东阳市支付的 2 亿人民币也可以看作对东阳市保护并节约水资源的一种经济补偿。

2. 异地开发

不同地区开发区的建立。这是一种生态补偿新的形势的扩张。在安吉、德清、宁海、宁安都为不同区域的发展制定了不同的生态补偿政策。依据这些政策，上游投资了的地区所获得的税收和利润都将返还给上游地区。在城市里，金华市为国际生态示范区建立了利益补偿机制。这是第一例上游在下游地区实现开发。"金磐扶贫经济开发区"作为上游磐安县的生产基地，提供了政策支持和相应的基础设施建设支持。在绍兴市为新昌县成立了新昌药业工业发展园。这有效地减少了上游地区的污染。在省内"景鄞扶贫经济开发区"是静宁县和鄞州合作建立的一个成功案例。

3. 广东省流域的水资源保护

潭江发源于广东阳江市阳东县的牛围岭，这条江的主流横跨恩平县和开平县、台山市和新会区。总长度达 248 千米，流域面积达 6026 平方千米，在江门市境内长 210 千米，流域面积达 5769 平方千米。为了提高潭江流域水环境管理，1990 年江门市政府组织的第一关于水资源保护的白皮书在恩平县、开平县、台山市和新会区签署。之后鹤山和江门市也加入了该工会的保护工作。经过十年的发展，潭江水环境管理形成了明确责任、统一保护、总体规划、综合防治、量化监测和相互监督的显著特点，这在水环境保护机制形成过程中发挥着重要角色。其中主要包括：①确立目标和水质保护责任条款；②建立专项水资源保护基金，聚集所有的成员由该地区政府管理调用；③实现跨城市的边界水质管理标准，设置科学的水质监测分区；④科学规划根据水资源保护计划合理利用水资源；⑤建立所有城市环境保护工作的量化考核标准；⑥对于每天超过 300 吨污水处理要实施联合系统审批。水源保护计划的实施责任可以为潭江探索生态补偿机制提供重要的依据。

4. 福建省的流域治理补偿

晋江流域是福建省的第三大河流，年径流量 48 亿立方米，主要分布在泉州市境内，是泉州市最主要的生活生产用水水源，也是向金门供水的一个重要水源首选地。为巩固和完善晋江、洛阳江上游水资源保护补偿机制，加大两江上游水资源保护力度，提高财政资金使用效益，提升生态文明建设水平，泉州市政府出台了《晋江、洛阳江上游水资源保护补偿专项资金管理规定（2019年修订）》。具体内容包括：

（1）补偿资金的筹措。专项资金由两江下游受益各县（市、区）按《泉州市人民政府办公室关于调整泉州市晋江下游水量分配方案的通知》（泉政办〔2010〕153号）确定的用水量比例分担，每年筹集3亿元，其中，湄洲湾南岸远期供水部分所需资金由市本级财政承担。每年具体分担额是：市本级1392万元、鲤城区2037万元、丰泽区2037万元、洛江区453万元、泉港区1770万元、石狮市3240万元、晋江市11667万元、南安市2409万元、惠安县2499万元、泉州台商投资区2496万元。

另外，市本级及两江下游受益各县（市、区）将分担资金纳入年度财政预算，并于每年4月30日和6月30日前分两期（每期各占全年分担额的50%）及时足额汇入市财政局设立的专户。

（2）资金使用方向。年度专项资金中的2亿元用于两江上游地区流域水资源保护工作，由市生态环境局、财政局负责管理；0.8亿元主要用于两江上游地区扶贫开发工作，0.15亿元用于两江上游地区水土流失治理工作，0.05亿元用于省属国有林场经营运转，分别由市农业农村局、林业局、水利局会同市财政局负责管理并另行制定资金管理规定。

（3）考核机制。要求上游县（县、市）应该确保区域交接断面水环境质量达到水环境功能区要求，对不达标县（市、区）或未按期完成年度整治项目的项目，建议暂缓或不安排补偿专项资金。

5. 绍兴—慈溪水权交易

由绍兴市和慈溪市两市政府牵头，双方政府在市场机制的运作下，慈溪市自来水公司与绍兴市汤浦水库有限公司找到了合作点，既是汤浦水库早日发挥设计功能，也是慈溪早日解决部分优质水源之需。应该说，绍兴—慈溪的水权交易是一个很好的市场参与水权交易的范例，可供其他类似地区参考借鉴。

2003 年 1 月 9 日，绍兴市场汤浦水库有限公司与慈溪市自来水公司在两市政府代表的参与下，签署了一份《供用水合同》，绍兴将每日 20 万立方米的引水权卖给慈溪市。根据双方签订的《供用水合同》，自 2005 年 1 月 1 日起，至 2040 年 12 月 31 日止，汤浦水库将向慈溪市提供每日 20 万立方米的引水权。根据转让合同，第一阶段慈溪市自来水公司自行投入 5.14 亿元，建立、运行和管理 50 多千米的输水管线和水厂，并向绍兴汤浦水库一次性支付水权转让费 1.533 亿元，此间慈溪可从汤普水库引入 12 亿立方米优质水源，并另行支付水价，水价标准可享受汤普水库三家股东单位执行的政府定价，目前 0.4/元立方米，今后随着政府定价的调整而调整。第二阶段的供水价格及补偿费再另行商定。经财务评价，项目的投资回收期为 18 年。

浙江绍兴—慈溪水权交易之所以能够发生，根本在于供给和需求的市场力量。在市场经济条件下，无论是流域内上下游水事管理，还是跨流域调水，运用行政手段难度越来越大，协调利益冲突的有效性越来越差。搞好水资源的优化配置，不仅要依靠行政和法律手段，而且要依靠经济手段、市场手段，形成适合中国国情的水利发展机制。应该说，绍兴—慈溪的水权交易是一个很好的市场参与水权交易的范例，可供其他类似地区参考借鉴。

6. 张掖市的水权交易

水资源利用主体大部分都位于张掖地区。黑河的干流从全区流过，该区生活生产用水主要来源于此，在水资源的利用过程中，该地区内部的争抢十分严重，矛盾十分突出。梨园灌溉区位于临洋县南部，家营、小屯、新华三个乡的 41 个行政村，灌溉区总人口 4.35 万人，占全县的 44%，灌溉的设施十分老化，95%左右的农业生产用水相当一部分被白白消耗掉。由政府批准黑河分水计划，要减少目前用水量，用来供给下游。为此，张掖地区需要削减本地区用水量的 23%。相当于 60 万亩地的用水量。

实现从工程水利向资源水利转变，减漏、降耗、增效、总量控制、定额管理、明晰水权优化管理等目的。实施水票有价转让之后，花水费跟花现金一样，农民一分也不想浪费，大家都很节约，每年每亩节约水费 20 元，这样一亩地至少节省 50 立方米水。同时增强工厂用水透明度，促进了水费征收，减少了用水纠纷。

第五节　中国流域水资源生态补偿存在的问题

中国在实际工作中一直对流域水资源生态补偿有所涉及，如建立三江源国家级自然保护区，实行退耕还林、退耕还湖，征收水资源费、排污费等，取得了一定的成效。但在流域水资源生态补偿的实践中还有一些有待解决的难题，制约了实施效果。

一、尚未出台流域水资源生态补偿的专项立法

中国流域水资源生态补偿缺乏国家法律和地方性法规的支撑。流域水资源管理法制、体制和机制不完善，管理体系条块分割，水资源生态保护和生态补偿难以形成明确的责任机制。目前，中国专门的生态补偿法律法规缺位，导致各流域水资源利用生态补偿实践存在法律依据不足的问题，无法用法律法规来约束和指导类型不同和层次不同的生态补偿。虽然在 2008 年颁布的《中华人民共和国水污染防治法》提到了国家通过财政转移支付等形式建立健全饮水源和上游地区水环境生态保护补偿机制，但是规定得比较笼统，没有规范流域生态补偿中的责任分工、补偿对象、补偿主客体和补偿标准等问题。流域各省

进行的生态补偿试点行政色彩浓厚，存在确立的补偿标准不科学、补偿不及时等问题。

生态科学发展日新月异，新的生态问题、管理模式和经营理念也层出不穷，有些很快就成为生态保护与建设的重点内容或发展方向，应该尽快纳入国家管理范畴。而法律法规则由于立法过程旷日持久、问题考虑得面面俱到从而远远落后于生态问题的出现和生态管理的发展速度。目前涉及生态保护和生态建设的法律法规，都没有对利益的主体作出明确的界定和规定，对其在生态环境方面具体拥有哪些权利和必须承担哪些责任仅限于原则性的规定，强制性的补偿要求少而自愿要求补偿多，导致各利益相关者无从根据法律界定自己在生态环境保护方面的责、权、利关系。

二、尚未建立专门的流域水资源生态补偿管理机构

中国目前还没有有效地跨行政区流域环境协调的管理机构，像长江水利委员会、黄河水利委员会、辽河水利委员会等机构更多的是水利部下属的治水及主管水资源分配的机构，并没有环境协调、监督、执法等相关的权力。另外，水资源管理部门是农业部，地表水开发与洪水防治是公共和市政部门管理，地下水开采时地质采矿部门管理，污染控制是卫生或环保部门管理，管理太分散，这样人为地将水资源生态系统条块分割，增加了水污染治理的难度。所以，中国实施流域水资源生态补偿应该遵循流域水资源生态系统的整体性和关联性，以自然水系流域为单位建立能够对流域进行统一集中管理的行政部门，同时也要妥善处理流域管理机构和地方各部门、各利益主体的关系，对支流与地方适当分权，注重将流域管理机构与国家职能部门和地方政府的监督、协调相结合，注重部门之间以及区域之间的合作与协调，集权与分权相结合，以切实落实流域治理的相关职责。

三、政府主导作用没有完全发挥

根据过去中国开展的不同形式的水资源利用生态补偿实践，政府在建立和推动流域水资源利用生态补偿实施方面发挥了主导性作用，通过财政支付实施生态建设或生态补偿工程，抑或是通过税收政策来提高破坏生态的成本。但是由于政府责任不明了、横向管理体制不健全、补偿方式单一问题严重制约中国流域水资源生态补偿工作的进展程度，需要建立流域水资源生态补偿制度绩效评估体系。

四、流域水资源生态补偿市场机制不健全

目前流域水资源的生态补偿主要是政府主导，流域水资源生态补偿市场还没有完全建立起来，市场在流域水资源配置中的基础性作用没有挖掘。以政府主导的补偿模式存在购买主体单一、责权利不清晰、补偿数额不能满足流域环境保护需要、生态服务成本和利益分配不公平、各利益相关主体参与程度低下等矛盾，致使流域水资源生态补偿的实施缺乏稳定性和持久性。为提高流域水资源配置效率，寻求有效的流域生态管理模式，应该引入流域水资源生态服务市场补偿机制，使各利益相关主体之间享受其权利并承担相应责任，有利于形成多元化生态补偿主体体系，培育上下游地区水资源获取与共享机制，有效解决流域水资源保护与利用的矛盾。

五、水资源生态补偿流域上中下游发展不协调

中国很多河流的上游多为水源保护区，同时也是贫困地区，经济发展滞后，基础设施建设落后。上游为了保障下游水资源供应，放弃了很多，如对水资源有污染的企业不能营业，对水土保持有影响的产业也不能发展。虽然部分地区通过国家和地方政策得到部分补偿，但上下游之间的差距仍然很大。

六、流域水资源产权界定困难

水资源的流动性和开放性决定了水资源产权界定的难度。而中国对水权的研究既落后于发达国家，也滞后于水资源配置制度改革的实际。这就导致在实际中与水资源相关的权益难以确定，也阻碍着生态补偿制度的建立。明晰了水资源产权，才能明晰利益相关者，明晰市场交易的主体与内容。但是，目前流域生态补偿面临的最主要的问题恰恰是水资源的产权难以明晰。

七、流域水资源生态补偿的公众参与程度低

中国公众环保意识相对较高，但参与性较低且对政府依赖严重。现阶段，中国加强了环境教育、宣传和培训，在中小学开设有关环境方面的课程，通过报刊、电视、广播等舆论工具宣传环境知识，开辟环境专栏和环境讲坛，对提高公众环境意识起了巨大的作用。虽然公众的环保意识较高，但环保参与能力差，自主参与意识不强。另外，目前在流域水资源生态补偿制度的制定中，一般公众没有民主参与，主要是政府部门之间的商讨决定。

八、流域水资源生态补偿资金来源比较单一

目前，在流域水资源生态补偿都是以政府为主导，并主要依靠上级政府财政转移支付。这一局面的形成与中国的行政体制的特点不无关系。中国是中央集权的单一制国家，从行政体制而言，上级政府通常能通过财政、人事等手段对下级政府实施有效的控制。因此，在行政运行中，下级政府也会对上级政府产生一种惯性的依赖，遇到跨区域需要协调的问题，地方政府和政府部门首先想到的就是请求共同的上级政府来解决，而不是试图通过横向间的沟通来达成一致。在生态补偿问题上，也是如此。从现在已实行的生态补偿来看，上级政府在这中间确实起到了关键的作用，但是面对流域水资源生态补偿这一系统工

程的这种单一的体制，显然是不足的。政府的财政转移支付有赖于政府的财政能力，这种补偿方式在补偿金额上总是明显不足。只有采取多种补偿方式，引入市场机制，让水资源生态服务的受益方参与进来，才能筹集更多的补偿资金，完善补偿机制。

第四章　流域水资源生态补偿效率测度指标体系构建

随着人口的增长和经济社会发展，人类非理性开发活动在一定时空内过度地影响并控制和占用了水资源，人类活动和气候变化的影响将进一步加剧，人类需要进一步审视和调控水资源的开发活动。2011 年中央一号文件锁定"水利"，并提出建成防洪抗旱减灾体系、水资源合理配置和高效利用体系、水资源保护和河湖健康保障体系和有利于水利科学发展的制度体系，要求建立并实行用水总量控制制度、用水效率控制制度、水功能区限制纳污制度及水资源管理责任与考核制度四项最严格的水资源管理制度。党的十八大对其确立了进一步完善的目标，建立并反映水资源市场供求和水资源稀缺程度、体现生态价值和代际补偿的资源有偿使用制度和生态补偿制度。生态补偿制度"以补偿促进环境保护"是对中国目前生态保护制度的重要补充（李长健等，2009）。对于水资源利用评价的研究较多（黄初龙等，2006），但关于流域水资源生态补偿效率的研究颇少。流域水资源生态补偿作为流域水资源保护和生态环境建设行为的一种利益驱动机制、鼓励机制和协调机制（Rao et al.，2014），其实施效果对流域经济发展和环境保护具有重要意义。以流域水资源生态补偿为研究对象，对其补偿效率进行测度，在此基础上寻求提高流域水资源生态补偿效率的途径，以满足流域水资源高效利用与可持续管理的实践需要。

流域水资源生态补偿效率测度指标体系可以看成一个信息系统，它以简明的方式，提供流域水资源生态补偿发展全面的、客观的系统信息。通过这些信息可以了解掌握流域水资源生态补偿效率的基本参数，以便及时发现问题和提出相应的调控对策和措施，促使流域水资源生态补偿朝着健康、良性的状态发展。

第一节　指标体系的筛选方法及程序

一、指标体系的筛选方法

首先，采取频度分析法，从国内外关于环境工程评价指标、生态补偿效率测度指标等的相关研究文献进行频度统计，选择使用频度较高的指标；同时，结合流域水资源生态补偿效率测度的内涵、特征、基本要素等理论进行分析、比较、综合，选择重要性和针对性强的指标。在此基础上，结合流域水资源生态补偿的特点，进一步采用专家咨询法，对指标进行调整，最后得到流域水资源生态补偿效率测度指标体系。

二、指标筛选的程序

流域水资源生态补偿效率测度指标筛选过程的具体步骤如下：

（1）建立流域水资源生态补偿效率测度原始指标数据库。尽可能全面地收集与流域水资源生态补偿效率测度相关的评价指标。选择具有重要控制意义、可受到管理措施直接或间接影响的指标建立原始指标数据库。

（2）选出流域水资源生态补偿效率测度原始指标集。通过采用频度统计法、理论分析法和专家咨询法筛选指标，按照经济、社会、生态、文化、政治五个维度，以及表征各维度的因素，分门别类地进行统计，选出符合流域水资源生态补偿以满足科学性和系统全面性原则的原始指标集。

（3）确定流域水资源生态补偿效率测度指标值集。在选择的原始指标集的基础上，根据相关分析法对指标进行分析，确定出指标间的相互关联程度，结合一定的取舍标准和专家意见进行筛选，确定出评价指标集。

（4）构建出流域水资源生态补偿效率测度指标体系。在已确定的评价指标集基础上，适时地进行理论分析，再次地征询专家的意见，对指标进行调整，通过多层次的筛选，在筛选过程中，理论分析法和专家咨询法几乎贯穿建立指标体系的整个过程，得到内涵丰富又相对独立的指标所构成的测度指标体系。

第二节　流域水资源生态补偿效率测度指标体系的构建

一、指标体系的构建方法——层次分析法

流域水资源生态补偿效率测度是一个复杂的工程，首先要构建流域水资源生态补偿效率的模块层，其次根据每个模块层的特征构建约束层，再根据流域水资源生态补偿的特点选取具体的指标，运用 AHP 对各指标赋予权重，形成相对完备的流域水资源生态补偿效率测度指标体系。层次分析法（The Analytic Hierarchy Process，AHP），是 20 世纪 70 年代初期美国匹兹堡大学运筹学家托马斯塞蒂（T. L. Saaty）创立的，最初是为了研究根据各个工业部门对国家福利的贡献大小而进行电力分配。

二、构建层次结构模型

对于层次分析法来说，能否构建好的结构层次模型至关重要，关系着是否能够完成好评价任务，该步骤既是第一步，也是最关键的一步。对于流域水资源生态补偿综合效率的研究来说，就是将综合效率内容具体化，使用关键性指标高度概括评价内容，并将各项指标通过综合权衡，科学分析后层层分解为具体指标的过程。

目标层：表征流域水资源生态补偿综合效率，它从一定程度上也可以反映社会效率、经济效率、生态效率、文化效率和政治效率的协调度。

维度层：根据指标体系建立的基本原则，由系统结构所决定的维度层一共由五部分组成，分别是社会效率、经济效率、生态效率、文化效率和政治效率。

指标层：每个具体指标都表示一定数目的基础变量，全面反映流域水资源生态补偿的成本和产生的效应。共选用 50 个指标进行表征。

根据流域水资源生态补偿综合效率的研究，将评价体系设定为三级。第一级目标层由 A 表示；第二级维度层由 B 表示，包含社会效率 B_1、经济效率 B_2、生态效率 B_3、文化效率 B_4、政治效率 B_5；第三级目标层为维度层的分支，由 C 表示。

三、流域水资源生态补偿效率影响因素分析

1. 宏观层面的影响因素分析

第一，跨行政区域的流域水资源生态补偿政策安排。中国大部分流域都是跨行政区域的，跨行政区域的流域水资源生态补偿政策直接决定了该区域流域水资源生态补偿的实施效果。在制定生态补偿政策时，要明确各地区的责任，并且充分考虑区域协调发展这一政策目标，对区域内比较贫困的地区给予适当的政策倾斜，提升贫困地区的经济发展水平，促进区域协调发展。

第二，流域水资源生态补偿方式、补偿标准和补偿期限。一般来说，接受流域水资源生态补偿的地区是比较贫困的上游地区，补偿方式、标准及期限直接决定了提供的补偿能否弥补上游地区失去发展机会的损失，如果不能弥补，区域之间的不平衡就更不可能得到解决。另外，补偿方式还要考虑贫困地区自身的发展问题，只有贫困地区自身拥有发展潜力才能更好地发展，最终实现区域的协同发展。

第三，流域内的产业结构和布局。目前的流域水资源生态补偿方式比较单一，主要是现金补偿方式，在补偿期限结束后，又恢复到补偿以前的情况，这不能从根本上解决上游地区的贫困落后状况，只有增强贫困地区自身的发展力量，才能摆脱贫困落后的状况，调整上游地区的产业结构比直接的经济补偿更具有可持续性。

2. 微观层面的影响因素分析

第一，综合效率的影响因素分析。从广义的角度来说，综合效率是指利用水资源生态补偿的总投入与总产出的比值，而由于其投入与产出很难用一个数值来衡量，投入包括政府的财政投入、地方政府的财政投入、生态项目的建设、政策支持，以及其他单位和个人的水资源保护投入等，产出包括经济收益的增加、水资源生态环境的改善、水质的提高、水量的增加、基础设施建设的加强、生活品质的提升、环境意识的增强。

第二，经济效率的影响因素分析。流域水资源生态补偿的经济效率是指因实施流域水资源生态补偿而带来的经济方面的效率。具体来说，是指因水量增加、水质提高及生态环境改善带来的经济效益的增加，以及上游地区的产业结构调整促进了经济发展等。

第三，社会效率的影响因素分析。流域水资源生态补偿的社会效率是指因实施流域水资源生态补偿而带来的社会方面的效率。具体来说，是指因为流域水资源生态补偿政策的实施带来的公共基础设施建设的增强、社会保障水平的提高等。包括与流域水资源利用与保护相关的公共基础设施的建设和使用情况、生态移民安置情况、社会保障情况等。

第四，生态效率的影响因素分析。流域水资源生态补偿的生态效率是指因实施流域水资源生态补偿而带来的生态方面的效率。涉及环境综合治理、资源利用和生态保护。

第五，文化效率的影响因素分析。流域水资源生态补偿的文化效率是指因实施流域水资源生态补偿而带来的文化方面的效率。教育方面，当地在教学中注重引导学生保护环境和水资源，进行环境保护相关知识的教育，树立环保意识。从小便进行爱护环境和水资源的教育，有利于环境保护的可持续性。环境意识方面，增强居民对环境重要性的认知，进而进行环境保护。

第六，政治效率的影响因素分析。流域水资源生态补偿的政治效率是指因实施流域水资源生态补偿而带来的政治方面的效率。地方政府对流域水资源的重视，针对流域水资源利用与保护召开会议及制定的政策，在制定政策的过程中听取群众意见，使人民群众的利益得到保障。

四、指标层 C 各指标的选取

指标的选取要考虑测度的科学性、数据的可得性、反映问题的全面性，分别从五个维度层面进行分析。

整个指标体系如表 4 – 1 所示。

表 4 – 1　流域水资源生态补偿效率测度指标体系

目标层	维度层	指标层
流域水资源生态补偿综合效率 A	社会效率 B_1	C_1 新增城镇就业量（万人）
		C_2 居民消费价格指数（%）
		C_3 自来水普及的村的比例（%）
		C_4 人均用水量（立方米/年）

续表

目标层	维度层	指标层
流域水资源 生态补偿 综合效率 A	社会效率 B_1	C_5 生活用水比例（%）
		C_6 垃圾集中处理村的比例（%）
		C_7 有效灌溉面积（千公顷）
		C_8 城镇居民人均可支配收入（元）
		C_9 农村居民人均纯收入（元）
		C_{10} 享受农村最低生活保障的人数（万人）
		C_{11} 社会保障和就业支出比例（%）
	经济效率 B_2	C_{12} 生产总值增长率（%）
		C_{13} 单位 GDP 耗水量（吨标准煤/万元）
		C_{14} 农林牧渔业增加值增长率（%）
		C_{15} 第三产业产值增长率（元）
		C_{16} 林业产值增长率（元）
		C_{17} 专项收入比例（%）
		C_{18} 农业用水比例（%）
		C_{19} 工业用水比例（%）
		C_{20} 单位 GDP 能耗（立方米/万元）
	生态效率 B_3	C_{21} 供水量（亿立方米）
		C_{22} 工业废水排放量（万吨）
		C_{23} 工业废水排放达标率（%）
		C_{24} 工业废水中 COD 排放量（吨）
		C_{25} 工业废水中氨氮排放量（吨）
		C_{26} 工业固体废物综合利用量（万吨）
		C_{27} "三废"综合利用产品价值（万元）
		C_{28} 综合治理水土流失面积（平方千米）
		C_{29} 农用化肥施用量（吨）
		C_{30} 农药使用量（吨）
		C_{31} 城镇公共以及生态环境用水比例（%）
		C_{32} 森林覆盖率（%）
		C_{33} 林业用地面积比例（%）
		C_{34} 退耕还林（草）面积（公顷）
		C_{35} 造林面积（公顷）

续表

目标层	维度层	指标层
流域水资源生态补偿综合效率 A	生态效率 B_3	C_{36}环境保护支出比例（％）
		C_{37}农林水事务支出比例（％）
		C_{38}治理废水资金使用（万元）
	文化效率 B_4	C_{39}对环境变化的感知度（％）
		C_{40}电视覆盖率（％）
		C_{41}居民对保护环境的贡献意愿（％）
		C_{42}居民对破坏环境行为的态度（％）
		C_{43}对环境重要性的认识度（％）
		C_{44}教育支出比例（％）
		C_{45}文化教育与传媒支出比例（％）
		C_{46}科学技术支出比例（％）
	政治效率 B_5	C_{47}居民对目前生活状况的满足感（％）
		C_{48}民主参与的满意度（％）
		C_{49}制定流域水资源生态补偿相关政策召开会议频度（％）
		C_{50}流域水资源生态补偿相关条例政策的出台频度（％）

第一，社会效率层面的指标包括实施流域水资源生态补偿的社会成本和社会收益。具体来说，社会成本方面包括社会保障和就业支出，社会收益方面包括城镇就业增加量、基础设施的改善情况、人民生活水平提高、社会保障的改善等。选取可以反映就业容纳量、基础设施改善、人民生活水平状况、社会保障情况的指标，就业容纳量越大，社会效率越高；基础设施改善状况越好，社会效率越高；社会保障覆盖面越广，社会效率越高；人民生活水平越高，社会成本越高，社会效率越低。

具体指标如下：

C_1新增城镇就业量：反映社会收益的指标，是对就业容纳量的判定。

C_2居民消费价格指数：反映价格变动对城乡居民生活的影响程度。

C_3自来水普及的村的比例：反映一个地区自来水普及情况，从一定程度上反映一个地区的生活基础设施建设状况和生活水平。

C_4 人均用水量：指一个地区人均每年的生活用水量。

C_5 生活用水比例：生活用水量与总用水量的比值。

C_6 垃圾集中处理村的比例：指垃圾集中处理的村数与村子总数的比值，从一定程度上反映一个地区的生活环境状况。

C_7 有效灌溉面积：可以反映水利建设的成效。

C_8 城镇居民人均可支配收入：可以反映城镇居民生活水平状况。

C_9 农村居民人均纯收入：可以反映农村居民生活水平状况。

C_{10} 享受农村最低生活保障的人数：在一定程度上可以反映农村社会保障水平。

C_{11} 社会保障和就业支出比例：一个地区在社会保障和就业服务方面的支出与该地区预算总支出的比值，反映成本情况。

第二，经济效率层面的指标包括实施流域水资源生态补偿的经济成本和经济收益。具体来说，经济成本方面包括农业用水、工业用水等耗水量及耗能量，经济效益方面包括生产总值增长率、农林牧渔业生产总值等。选取反映经济发展水平、资源消耗的指标，经济发展水平越高，经济效率越高，资源消耗越高，经济效率越低。具体包括以下指标：

C_{12} 生产总值增长率：可以反映一个地区经济发展增长速度。

C_{13} 单位 GDP 耗水量：是指每万元国民生产总值所使用的水资源用量，可以反映经济生产的节约水资源的状况。

C_{14} 农林牧渔业增加值增长率：可以反映农林牧渔业增加值的变化情况。农林牧渔业增加值是指各种经济类型的农业生产单位和农户从事农业生产经营活动所提供的社会最终产品的货币表现，为农林牧渔业总产值减去农林牧渔业中间消耗所得。

C_{15}第三产业产值增长率：是指第三年产业产值的变化情况，从一定程度上反映一个地区的产业结构情况。

C_{16}林业产值增长率：是指林业产值的变化情况，从一定程度上反映一个地区的生态建设的经济收益。

C_{17}专项收入比例：是指专项收入与一般预算总收入的比值，专项收入包括征收排污费、征收城市水资源费、教育附加费。

C_{18}农业用水比例：指农业用水量与总用水量的比值，可以反映农业利用水资源成本。

C_{19}工业用水比例：指工业用水量与总用水量的比值，可以反映工业利用水资源成本。

C_{20}单位 GDP 能耗：是指每万元生产总值所消耗的能源，是反映能源消费水平和节能降耗状况的主要指标。

第三，生态效率层面的指标包括实施流域水资源生态补偿的生态成本和生态收益。具体来说，生态成本方面包括环境保护支出、农林水事务支出及治理废水资金使用情况等，生态收益方面包括水土流失治理、造林、工业废水排放、农药化肥使用情况等。具体指标如下：

C_{21}供水量：反映满足生产生活用水供应的程度。

C_{22}工业废水排放量：反映企业环保生产的响应程度。

C_{23}工业废水排放达标率：指工业废水排放达标量与工业废水排放量的比值，反映废水治理成效。

C_{24}工业废水中 COD 排放量：是指工业废水中的化学需氧量（Chemical Oxygen Demand，COD），指用化学氧化剂氧化水中有机污染物时所需的氧量。

C_{25}工业废水中氨氮排放量：是指工业废水排放中所含有的氨氮的含量。

C_{26}工业固体废物综合利用量：反映资源回收利用情况。

C_{27} "三废"综合利用产品价值：反映废品利用效率。

C_{28}综合治理水土流失面积：是在山丘地区水土流失面积上，按照综合治理的原则，采取各种治理措施，如水平梯田、淤地坝、谷坊、造林种草、封山育林育草（指有造林、种草补植任务的）等，以及按小流域综合治理措施所治理的水土流失面积总和。

C_{29}农用化肥施用量：反映农业生产的环保程度。

C_{30}农药使用量：是指在农业生产中所使用的农药数量，可以反映污染程度。

C_{31}城镇公共以及生态环境用水比例：是指城镇公共及生态环境用水量与总用水量的比值。

C_{32}森林覆盖率：是反映森林资源的丰富程度和生态平衡状况的重要指标，也可以反映绿化程度。

C_{33}林业用地面积比例：是指林业用地面积与土地面积的比值。

C_{34}退耕还林（草）面积：是指把耕地变为林地和草地的面积，有利于水土保持。

C_{35}造林面积：反映进行水土保持的工作量。

C_{36}环境保护支出比例：是一个地区在环境保护方面的支出与该地区预算总支出的比值，反映环境保护投入成本。

C_{37}农林水事务支出比例：农林水事务支出与预算总支出的比值。

C_{38}治理废水资金使用：是指治理废水所花费的资金情况，可以反映对废水治理的重视程度和成本。

第四，文化效率层面的指标包括实施流域水资源生态补偿的文化成本和文化收益。具体来说，文化成本方面包括教育支出、文化教育与传媒支出、科学技术支出等，文化收益方面包括电视覆盖情况、居民的环境保护意识等。具体指标如下：

C_{39} 对环境变化的感知度：指居民对于环境产生变化的敏感程度，衡量居民在日常生活中对于环境变化的重视程度。

C_{40} 电视覆盖率：从一定程度上反映宣传强度。

C_{41} 居民对保护环境的贡献意愿：衡量居民的社会公德及环境保护意识。

C_{42} 居民对破坏环境行为的态度：衡量居民的环境保护意识及行为。

C_{43} 对环境重要性的认识度：指居民对于环境对生活影响程度的认识，从一定能够程度上反映了居民生活品质。

C_{44} 教育支出比例：一个地区在教育方面的支出与该地区预算总支出的比值。

C_{45} 文化教育与传媒支出比例：一个地区在文化教育与传媒方面的支出与该地区预算总支出的比值。

C_{46} 科学技术支出比例：一个地区在科学技术方面的支出与该地区预算总支出的比值。

第五，政治效率层面的指标包括实施流域水资源生态补偿的政治成本和政治收益。具体来说，政治成本方面包括流域水资源生态补偿相关会议的召开以及相关条例政策的出台，政治收益方面包括民主参与满意度以及居民对生活的满足感等。具体指标如下：

C_{47} 居民对目前生活状况的满足感：用来衡量社会稳定程度。

C_{48} 民主参与的满意度：指居民对民主参与决策、表达自己意愿、维护自身权益的满意程度。

C_{49} 制定流域水资源生态补偿相关政策召开会议频度：可以从一定程度上反映成本。

C_{50} 流域水资源生态补偿相关条例政策的出台频度：可以从一定程度上反映政府相关部门对流域水资源水土保持的重视程度。

五、建立判断矩阵

评价主体需要进行一系列的两两比较来确定指标的相对重要性，判断矩阵应遵循相对重要性取值规则，如表4-2所示。

表4-2 相对重要性取值规则

序号	分值	取值规则
1	1	因素 i 与因素 j 相对于某一属性同等重要
2	3	因素 i 与因素 j 略微重要
3	5	因素 i 比因素 j 重要
4	7	因素 i 比因素 j 明显重要
5	9	因素 i 比因素 j 绝对重要
6	2、4、6、8	介于上述两相邻因素判断的中间
7	$1/x_{ij}$	因素 j 比因素 i 重要

采用层次分析法确定各个评价指标各自的权重，首先要对每个层次上各个评价指标相互之间的关系进行充分调查了解并根据二者对评价结果的重要性构建判断矩阵，判断矩阵的构造是层次分析法的重点，也是层次分析法的特色。

因此 n 阶判断矩阵的公式可表示成式（4-1）的形式。

$$X = \begin{bmatrix} x_{ij} \end{bmatrix} = \begin{bmatrix} \dfrac{a_1}{a_1} & \dfrac{a_1}{a_2} & \cdots & \dfrac{a_1}{a_n} \\ \dfrac{a_2}{a_1} & \dfrac{a_2}{a_2} & \cdots & \dfrac{a_2}{a_n} \\ \vdots & \vdots & \vdots & \vdots \\ \dfrac{a_n}{a_1} & \dfrac{a_n}{a_2} & \cdots & \dfrac{a_n}{a_n} \end{bmatrix} \qquad (4-1)$$

其中，$\dfrac{a_i}{a_j}$ 表示指标 a_i 相对指标 a_j 的重要性，由专家判断给出。

根据表4-2给出的相对重要性取值规则，参考水资源生态专家意见，分别给出维度层和目标层的判断矩阵。

针对维度层指标，构建 $B_1 \sim B_5$ 判断矩阵如表4-3所示。

表4-3 $A \sim B_{(1-5)}$ 的判断矩阵

	B_1	B_2	B_3	B_4	B_5
B_1	1	2	3	5	5
B_2	1/2	1	1	3	3
B_3	1/3	1	1	2	2
B_4	1/5	1/3	1/2	1	1
B_5	1/5	1/3	1/2	1	1

针对社会效率 B_1 下的指标 $C_1 \sim C_{11}$ 构建判断矩阵，如表4-4所示。

表4-4 $B_1 \sim C_{(1-11)}$ 的判断矩阵

	C_1	C_2	C_3	C_4	C_5	C_6	C_7	C_8	C_9	C_{10}	C_{11}
C_1	1	2	1/4	1/3	1/4	1/2	1/5	1/6	1/6	1	2
C_2	1/2	1	1/2	1/3	1/2	1/3	1/8	1/6	1/7	2	2
C_3	4	2	1	1	1	2	1/2	1/2	1/2	2	3
C_4	3	3	1	1	1	3	1/3	1/3	1/3	3	3
C_5	4	2	1	1	1	4	1/2	1/2	1/2	4	3
C_6	2	3	1/2	1/3	1/4	1	1/2	1/3	1/4	2	2
C_7	5	8	2	3	2	2	1	1	1	4	5
C_8	6	6	2	3	2	3	1	1	1	5	5
C_9	6	7	2	3	2	4	1	1	1	6	4
C_{10}	1	1/2	1/2	1/3	1/4	1/2	1/4	1/5	1/6	1	1
C_{11}	1/2	1/2	1/3	1/3	1/3	1/2	1/5	1/5	1/4	1	1

针对经济效率 B_2 下的指标 $C_{12} \sim C_{20}$ 构建判断矩阵，如表4-5所示。

表 4 – 5　$B_2 \sim C_{(12-20)}$ 的判断矩阵

	C_{12}	C_{13}	C_{14}	C_{15}	C_{16}	C_{17}	C_{18}	C_{19}	C_{20}
C_{12}	1	1/3	1/4	2	3	2	1/2	1/5	1/3
C_{13}	3	1	3	4	5	6	1/6	1/3	2
C_{14}	4	1/3	1	2	2	2	1/2	1/2	1/2
C_{15}	1/2	1/4	1/2	1	3	3	1/3	1/4	1/2
C_{16}	1/3	1/5	1/2	1/3	1	1	1/2	1/4	1/2
C_{17}	1/2	1/6	1/2	1/3	1	1	1/6	1/8	1/5
C_{18}	2	6	2	3	2	6	1	1/2	2
C_{19}	5	3	2	4	4	8	2	1	2
C_{20}	3	1/2	2	2	2	5	1/2	1/2	1

针对文化效率 B_4 下的指标 $C_{39} \sim C_{46}$ 构建判断矩阵，如表 4 – 6 所示。

表 4 – 6　$B_4 - C_{(39-46)}$ 的判断矩阵

	C_{39}	C_{40}	C_{41}	C_{42}	C_{43}	C_{44}	C_{45}	C_{46}
C_{39}	1	8	1	4	1	4	2	2
C_{40}	1/8	1	1/8	1/2	1/8	1/2	1/4	1/4
C_{41}	1	8	1	4	1	4	2	2
C_{42}	1/4	2	1/4	1	1/4	1	1/2	1/2
C_{43}	1	8	1	4	1	4	2	2
C_{44}	1/4	2	1/4	1/2	1	1	1/2	1/2
C_{45}	1/2	4	1/2	2	1/2	2	1	1
C_{46}	1/2	4	1/2	2	1/2	2	1	1

针对政治效率 B_5 下的指标 $C_{47} \sim C_{50}$ 构建判断矩阵，如表 4 – 7 所示。

表 4 - 7 $B_5 - C_{(47-50)}$ 的判断矩阵

	C_{47}	C_{48}	C_{49}	C_{50}
C_{47}	1	0.333	0.333	2
C_{48}	3	1	2	2
C_{49}	3	0.5	1	3
C_{50}	0.5	0.5	0.333	1

针对生态效率 B_3 下的指标 $C_{21} \sim C_{38}$ 构建判断矩阵，如表 4 - 8 所示。

表 4 - 8 $B_3 - C_{(21-38)}$ 的判断矩阵

	C_{21}	C_{22}	C_{23}	C_{24}	C_{25}	C_{26}	C_{27}	C_{28}	C_{29}	C_{30}	C_{31}	C_{32}	C_{33}	C_{34}	C_{35}	C_{36}	C_{37}	C_{38}
C_{21}	1	2	2	2	2	1	2	2	1	1	1	1	2	2	2	2	2	2
C_{22}	1/2	1	3	3	3	3	2	2	2	2	2	1	1	1	1	3	3	3
C_{23}	1/2	1/3	1	2	1	2	2	2	2	2	2	2	2	2	2	2	2	2
C_{24}	1/2	1/3	1/2	1	1	2	2	1	3	1	4	1	1	1	1	1	1	1
C_{25}	1/2	1/3	1/2	1	1	2	1	2	1	2	1	2	2	2	2	1	1	1
C_{26}	1	1/3	1/2	1/2	1/2	1	2	3	1	2	1	2	3	2	3	3	2	1
C_{27}	1/2	1/2	1/2	1/2	1	1/2	1	2	1	2	1	2	1	2	3	1	2	2
C_{28}	1/2	1/2	1/2	1	1/2	1/3	1/2	1	2	2	1	4	1	3	1	1	2	2
C_{29}	1	1/2	1/2	1/3	1	1	1	1/2	1	2	2	3	2	2	1	2	1	2
C_{30}	1	1/2	1/2	1	1/2	1/2	1/2	1/2	1/2	1	2	2	1	3	2	2	2	1
C_{31}	1	1/2	1/2	1/4	1	1	1	1	1/2	1/2	1	1	2	2	3	1	2	2
C_{32}	1	1	1/2	1	1/2	1/2	1/2	1/4	1/2	1/2	1	1	3	2	1	2	2	2
C_{33}	1/2	1	1/2	1	1/2	1/2	1/2	1	1/3	1	1/2	1/3	1	1	2	2	1	2
C_{34}	1/2	1	1/2	1	1/2	1	1/3	1/2	1/3	1/2	1/2	1	1	1	2	2	1	1
C_{35}	1/2	1	1/2	1	1/2	1/2	1/2	1	1	1/2	1/3	1	1/2	1	1	2	1	2
C_{36}	1/2	1/3	1/2	1/2	1/3	1/3	1	1	1	1/2	1	1/2	1/2	1/2	1	1	2	1
C_{37}	1/2	1/3	1/2	1	1	1/2	1	1/2	1	1/2	1	1/2	1	1/2	1	1/2	1	2
C_{38}	1/2	1/3	1/2	1	1	1	1	1/2	1/2	1/2	1	1/2	1/2	1	1/2	1	1/2	1

六、归一化处理

将有量纲的表达式，经过变换，化为无量纲的表达式，成为纯量。对输入数据进行归一化处理，即能够消除指标单位不同对数据带来的差异影响。归一化计算公式如式（4-2）所示。

$$x'_{ij} = \frac{x_{ij}}{\sqrt{\sum_{i=1}^{m} x_{ij}^2}} \qquad (4-2)$$

其中，x_{ij}为待归一化的数据矩阵，x'_{ij}为归一化后的数据，处于 0 至 1 之间。

七、计算判断矩阵权重

首先计算判断矩阵每一行的乘积，如式（4-3）所示

$$M_i : M_i = \prod_{j=1}^{n} x'_{ij} , \ (i, j = 1, 2, \cdots, n) \qquad (4-3)$$

之后将以上获得的 M_i 进行开方处理，即计算 M_i 的 n 次方根。

$$\overline{W_i} : \overline{W_i} = \sqrt[n]{M_i} \qquad (4-4)$$

最后对向量 $W = [\overline{W_1}, \overline{W_2}, \cdots, \overline{W_n}]^T$ 作归一化处理，获得特征向量。

$$W_i = \overline{W_i} / \sum_{j=1}^{n} \overline{W_i} \qquad (4-5)$$

按照上述所示的权重计算方法，对流域水资源生态补偿综合效率模型中各指标权重进行求取，获得的权重如式（4-5）所示。

针对维度层指标，计算获得 $B_1 - B_5$ 的权重如式（4-6）所示：

$$W_{A-B(1-5)} = [0.4420, 0.2210, 0.1727, 0.0822, 0.0822] \qquad (4-6)$$

针对社会效率 B_1 下的指标 $C_1 \sim C_{11}$，计算指标 $C_1 \sim C_{11}$ 权重如式（4-7）所示：

$$W_{B1-C(1-11)} = \begin{bmatrix} 0.0343, & 0.0351, & 0.0881, & 0.0869, & 0.1027, & 0.0559, \\ 0.1734, & 0.1782, & 0.1852, & 0.0308, & 0.0294 & \end{bmatrix}$$

$$(4-7)$$

针对经济效率 B_2 下的指标 $C_{12}-C_{20}$，计算指标 $C_{12} \sim C_{20}$ 权重如式（4-8）所示：

$$W_{B2-C(12-20)} = [0.0642, 0.1606, 0.0948, 0.0605, 0.0422, 0.0288, 0.1935,$$
$$0.2394, 0.1161]$$

$$(4-8)$$

针对生态效率 B_3 下的指标 $C_{21} \sim C_{38}$，计算指标 $C_{21} \sim C_{38}$ 权重如式（4-9）所示：

$$W_{B3-C(21-38)} = \begin{bmatrix} 0.0816, & 0.0980, & 0.0806, & 0.0612, & 0.0606, & 0.0679, & 0.0568, & 0.0582, & 0.0611 \\ 0.0525, & 0.0495, & 0.0500, & 0.0413, & 0.0387, & 0.0406, & 0.0317, & 0.0371, & 0.0326 \end{bmatrix}$$

$$(4-9)$$

针对文化效率 B_4 下的指标 $C_{39} \sim C_{46}$，计算指标 $C_{39} \sim C_{46}$ 权重如式（4-10）所示：

$$W_{B4-C(39-46)} = [0.2184, 0.0273, 0.2184, 0.0546, 0.1942, 0.0686,$$
$$0.1092, 0.1092]$$

$$(4-10)$$

针对政治效率 B_5 下的指标 $C_{47} \sim C_{50}$，计算指标 $C_{47} \sim C_{50}$ 权重如式（4-11）所示：

$$W_{B5-C(47-50)} = [0.1542, 0.4060, 0.3155, 0.1242]$$

$$(4-11)$$

八、检验判断矩阵一致性

根据对比矩阵一致性公式获得的结果，若该结果处于范围之内，认为矩阵的一致程度可以被接受，若处于范围之外，认为矩阵的一致程度不可被接受。

检验比较判断矩阵的一致性，即对于任意 i，j，k，满足 $a_{ik} = a_{ij} \times a_{ik}$。具体检验步骤如下：

（1）计算一致性指标 CI，CI = $(\lambda_{max} - n)/(n - 1)$。

式中，$\lambda_{max} = \dfrac{1}{n}\sum_{i=1}^{n}\dfrac{AW}{\omega_i}$，CI 为比较判别矩阵的最大特征值。

（2）计算一致性比率 CR，CR = CI/RI。

式中，RI 为经验统计量，具体由比较判别矩阵的维数决定。

（3）当 CR < 0.1 时，认为判别矩阵的一致性是可以接受的，否则认为不一致性太严重，需要对比判别矩阵做出适当调整。

根据上述所示的一致性判断方法，可获得本书各层次指标的一致性指数，如表 4 - 9 所示。

表 4 - 9　一致性指数

	λ_{max}	CI	RI	CR	判断标准	检验结果
A - B	5.0247	0.0062	1.12	0.0055	0.1	一致
B1 - C	11.4878	0.0488	1.53	0.0319	0.1	一致
B2 - C	10.0792	0.1349	1.45	0.0930	0.1	一致
B3 - C	20.0667	0.1216	1.6133	0.0754	0.1	一致
B4 - C	8.1478	0.0211	1.41	0.015	0.1	一致
B5 - C	4.2165	0.0722	0.9	0.0802	0.1	一致

根据表 4 - 9 显示的结果，所有结果均小于判断标准，表明一致性通过。

九、基于层次分析法的权重结果

基于以上计算，可以得到流域水资源生态补偿综合效率权重结果。

针对维度层指标，计算获得 $B_1 - B_5$ 的权重分配，如图 4 - 1 所示。

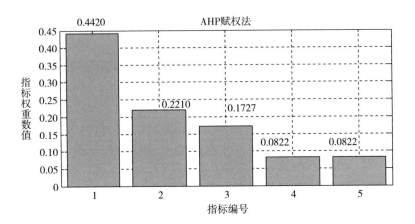

图 4-1 $B_1 - B_5$ 的权重分配

针对社会效率 B_1 下的指标 $C_1 \sim C_{11}$，计算指标 $C_1 \sim C_{11}$ 权重分配，如图 4-2 所示。

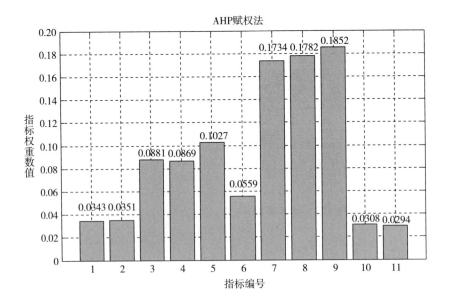

图 4-2 指标 $C_1 - C_{11}$ 权重分配

针对经济效率 B_2 下的指标 $C_{12} \sim C_{20}$，计算指标 $C_{12} \sim C_{20}$ 权重分配，如图 4 - 3 所示。

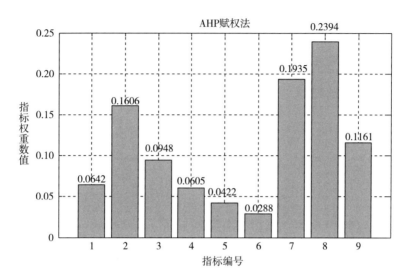

图 4 - 3 指标 $C_{12} \sim C_{20}$ 权重分配

针对生态效率 B_3 下的指标 $C_{21} \sim C_{38}$，计算指标 $C_{21} \sim C_{38}$ 权重分配，如图 4 - 4 所示。

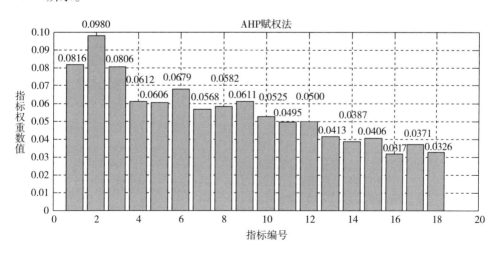

图 4 - 4 指标 $C_{21} \sim C_{38}$ 权重分配

针对文化效率 B_4 下的指标 $C_{39} \sim C_{46}$，计算指标 $C_{39} \sim C_{46}$ 权重分配，如图 4 - 5所示。

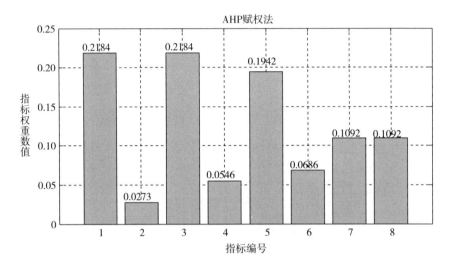

图 4 - 5   指标 $C_{39} \sim C_{46}$ 权重分配

针对政治效率 B_5 下的指标 $C_{47} \sim C_{50}$，计算指标 $C_{47} \sim C_{50}$ 权重分配，如图 4 - 6所示。

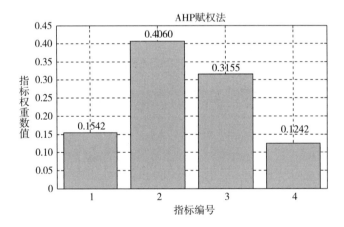

图 4 - 6   指标 $C_{47} \sim C_{50}$ 权重分配

根据上文得出的各项权重分配结果，需要算出目标—指标层的指标权重分布情况，即 A – C 的权重，分布情况如表 4 – 10 所示。

表 4 – 10   指标 A – C$_{(1-50)}$ 权重分布

C$_1$	C$_2$	C$_3$	C$_4$	C$_5$	C$_6$	C$_7$	C$_8$	C$_9$	C$_{10}$
0.015	0.015	0.039	0.038	0.045	0.025	0.077	0.079	0.082	0.014
C$_{11}$	C$_{12}$	C$_{13}$	C$_{14}$	C$_{15}$	C$_{16}$	C$_{17}$	C$_{18}$	C$_{19}$	C$_{20}$
0.013	0.014	0.035	0.021	0.013	0.009	0.006	0.043	0.053	0.026
C$_{21}$	C$_{22}$	C$_{23}$	C$_{24}$	C$_{25}$	C$_{26}$	C$_{27}$	C$_{28}$	C$_{29}$	C$_{30}$
0.014	0.017	0.014	0.011	0.010	0.012	0.010	0.010	0.011	0.009
C$_{31}$	C$_{32}$	C$_{33}$	C$_{34}$	C$_{35}$	C$_{36}$	C$_{37}$	C$_{38}$	C$_{39}$	C$_{40}$
0.009	0.009	0.007	0.007	0.007	0.005	0.006	0.006	0.018	0.002
C$_{41}$	C$_{42}$	C$_{43}$	C$_{44}$	C$_{45}$	C$_{46}$	C$_{47}$	C$_{48}$	C$_{49}$	C$_{50}$
0.018	0.004	0.016	0.006	0.009	0.009	0.013	0.033	0.026	0.010

最后，得出完整的流域水资源生态补偿效率测度评价体系，如表 4 – 10 所示。

表 4 – 11   带权重的流域水资源生态补偿效率测度指标体系

目标层	维度层	指标层
流域水资源生态补偿综合效率 A	社会效率 B$_1$ (0.442)	C$_1$ 新增城镇就业量(0.015)
		C$_2$ 居民消费价格增长率(0.015)
		C$_3$ 自来水普及的村的比例(0.039)
		C$_4$ 人均用水量(0.038)
		C$_5$ 生活用水比例(0.045)
		C$_6$ 垃圾处理集中村的比例(0.025)
		C$_7$ 有效灌溉面积(0.077)
		C$_8$ 城镇居民人均可支配收入(0.079)
		C$_9$ 农村居民人均纯收入(0.082)
		C$_{10}$ 享受农村最低生活保障的人数(0.014)
		C$_{11}$ 社会保障和就业支出比例(0.013)

续表

目标层	维度层	指标层
流域水资源生态补偿综合效率 A	经济效率 B_2 (0.221)	C_{12} 生产总值增长率(0.014)
		C_{13} 单位 GDP 耗水量(0.035)
		C_{14} 农林牧渔业增加值增长率(0.021)
		C_{15} 第三产业产值增长率(0.013)
		C_{16} 林业产值增长率(0.009)
		C_{17} 专项收入比例(0.006)
		C_{18} 农业用水比例(0.043)
		C_{19} 工业用水比例(0.053)
	生态效率 B_3 (0.1727)	C_{20} 单位 GDP 能耗(0.026)
		C_{21} 供水量(0.014)
		C_{22} 工业废水排放量(0.017)
		C_{23} 工业废水排放达标率(0.014)
		C_{24} 工业废水中 COD 排放量(0.011)
		C_{25} 工业废水中氨氮排放量(0.01)
		C_{26} 工业固体废物综合利用量(0.012)
		C_{27} "三废"综合利用产品价值(0.01)
	生态效率 B_3 (0.1727)	C_{28} 新增综合治理水土流失面积(0.01)
		C_{29} 农用化肥施用量(0.011)
		C_{30} 农药使用量(0.009)
		C_{31} 城镇公共以及生态环境用水比例(0.009)
		C_{32} 森林覆盖率(0.009)
		C_{33} 林业用地面积比例(0.007)
		C_{34} 退耕还林(草)面积(0.007)
		C_{35} 造林面积(0.007)
		C_{36} 环境保护支出比例(0.005)
		C_{37} 农林水事务支出比例(0.006)
		C_{38} 治理废水资金使用(0.006)
	文化效率 B_4 (0.0822)	C_{39} 对环境变化的感知度(0.018)
		C_{40} 电视覆盖率(0.002)
		C_{41} 居民对保护环境的贡献意愿(0.018)
		C_{42} 居民对破坏环境行为的态度(0.004)

续表

目标层	维度层	指标层
流域水资源生态补偿综合效率 A	文化效率 B_4 (0.0822)	C_{43} 对环境重要性的认识度(0.016)
		C_{44} 教育支出比例(0.006)
		C_{45} 文化教育与传媒支出比例(0.009)
		C_{46} 科学技术支出比例(0.009)
	政治效率 B_5 (0.0822)	C47 居民对目前生活状况的满足感(0.013)
		C48 民主参与的满意度(0.033)
		C49 制定流域水资源生态补偿相关政策召开会议频度(0.026)
		C50 流域水资源生态补偿相关条例政策的出台频度(0.010)

第五章　流域水资源生态补偿效率测度的实证分析

——以长江流域四节点为例

第一节　长江流域简介

长江干流全长 6300 千米，是中国第一大河流，年径流量 9513 亿立方米，流经青海、西藏、云南、贵州、四川、重庆、湖北、湖南、江西、安徽、江苏、浙江、上海等省市，流域面积达 1808500 平方千米，占全国国土面积的 18.8%，覆盖人口约 4.8 亿人，约占全国总人口的 37%。

一、长江流域的重要性

近年来，国务院确定了长江经济带建设工作，长江经济带成为中国经济下一阶段的重要发力点之一，如何保障变化环境下长江经济带的健康发展，保证长江流域的生态安全，成为重要关注点。在整个流域中，上中下游其实是一个整体，因为水资源具有流动特性，这就需要对水资源优化配置全方位进行调控。同时水资源也是长江流域生态系统的重要控制性因素，长江流域生态系统是以水资源为纽带的平衡系统。国务院对于《长江流域综合规划（2012－2030

年)》的批复明确提出完善水资源综合利用、水资源与水生态环境保护、流域综合管理体系的目标。

二、长江流域水资源环境状况分析

总体来看，2011～2013年长江流域水资源水质良好，Ⅰ～Ⅲ类水质断面的比例在80%以上。但部分断面也存在重度污染现象。

2012年，外秦淮河和黄浦江为中度污染，普渡河、岷江、沱江、滁河、白河、唐河和唐白河为轻度污染，其他河流水质均为优良。黔—渝交界的乌江万木断面为重度污染，主要污染指标为总磷。从水资源分区来看，长江区Ⅰ～Ⅲ类和劣Ⅴ类水质断面比例分别为79.0%和8.6%。

2013年，长江流域水质良好。Ⅰ～Ⅲ类、Ⅳ～Ⅴ类和劣Ⅴ类水质断面比例分别为89.4%、7.5%和3.1%。与上年相比，水质无明显变化。长江干流水质为优。Ⅰ～Ⅲ类水质断面比例为100.0%。长江主要支流水质良好。

三、长江流域水资源相关政策法规分析

2012年，国务院关于实行最严格水资源管理制度的意见指出合理调整水资源费征收标准，扩大征收范围，严格水资源费征收、使用和管理。各省、自治区、直辖市要抓紧完善水资源费征收、使用和管理的规章制度，严格按照规定的征收范围、对象、标准和程序征收，确保应收尽收，任何单位和个人不得擅自减免、缓征或停征水资源费。水资源费主要用于水资源节约、保护和管理，严格依法查处挤占挪用水资源费的行为。研究建立生态用水及河流生态评价指标体系，定期组织开展全国重要河湖健康评估，建立健全水生态补偿机制。下面从河流湖泊、水土保持、污染防治、环境保护等方面分析流域水资源生态补偿相关的政策法规。

表 5 – 1 长江流域河流湖泊相关政策法规

政策法规名称	年份	关于流域水资源生态补偿的相关规定
江苏省湖泊保护条例	2004	禁止在湖泊保护范围内圈圩养殖。禁止在湖泊保护范围内围湖造地，不得将湖滩、湖荡作为耕地总量占补平衡用地。已经围垦或者圈圩养殖的，批准湖泊保护规划的人民政府应当按照防洪规划的要求和恢复湖泊生态条件的需要，制定实施退田（渔）还湖、退圩还湖方案的计划，确定补偿标准，明确有关部门和沿湖乡镇人民政府的责任和分工。实施还湖计划所需的安置补偿资金应当列入本级政府预算，对经济欠发达地区，上级人民政府应当给予必要的财政支持
浏阳河管理条例	2006	向浏阳河排放超标准污染物的已建项目，应限期治理；经治理仍达不到要求的，除依法征收超标排污费外，并可处罚款，或者责令停业、关闭
湖南省洞庭湖区水利管理条例	2009	侵占、破坏防护林的，由省、洞庭湖区设区的市或者县（市、区）人民政府水行政主管部门责令停止违法行为；造成损失的，依法承担民事赔偿责任 人为造成河湖淤积的，由致淤单位或者个人负责清淤；致淤单位或者个人不清淤的，由水行政主管部门组织清淤，所需经费由致淤单位或者个人承担
太湖流域管理条例	2011	临时占用水域、滩地给当地居民生产等造成损失的，应当依法予以补偿。上游地区未完成重点水污染物排放总量削减和控制计划、行政区域边界断面水质未达到阶段水质目标的，应当对下游地区予以补偿；上游地区完成重点水污染物排放总量削减和控制计划、行政区域边界断面水质达到阶段水质目标的，下游地区应当对上游地区予以补偿。补偿通过财政转移支付方式或者有关地方人民政府协商确定的其他方式支付。污水处理费不能补偿污水集中处理单位正常运营成本的，当地县级人民政府应当给予适当补贴。对为减少水污染物排放自愿关闭、搬迁、转产以及进行技术改造的企业，两省一市人民政府应当通过财政、信贷、政府采购等措施予以鼓励和扶持。对因清理水产养殖、畜禽养殖，实施退田还湖、退渔还湖等导致转产转业的农民，当地县级人民政府应当给予补贴和扶持，并通过劳动技能培训、纳入社会保障体系等方式，保障其基本生活。对因实施农药、化肥减施工程等导致收入减少或者支出增加的农民，当地县级人民政府应当给予补贴

从表 5 – 1 可以看出，长江流域河流湖泊政策法规中关于流域水资源生态补偿的信息较少，《江苏省湖泊保护条例》中只涉及退耕还湖的补偿，只有《太湖流域管理条例》中涉及水资源质量衡量的上下游地区之间的补偿，还有对产业调整的企业及农民的补偿和扶持。其他关于河流湖泊的政策法规中涉及流域水资源生态补偿的内容很少，使地区实行流域水资源生态补偿没有依据，严重制约了流域水资源水土保持的实施，不利于流域的健康平衡发展。

表 5 – 2　长江流域水土保持相关政策法规

政策法规名称	年份	关于流域水资源生态补偿的相关规定
四川省《中华人民共和国水土保持法》实施办法	2002	有水土流失防治任务的地方，应从小型农田水利补助费中安排 10% ~ 20% 的经费用于水土保持。已经发挥效益的水利、水电工程，应根据自身水土流失防治的需要，每年从收取的水费、电费中提取部分资金，由该水利、水电工程掌握，专项用于工程管护范围的水土保持
互助土族自治县水土保持条例	2003	县人民政府应当把水土保持工作纳入国民经济和社会发展计划，安排专项资金，并组织实施。企业、事业单位和个人在建设和生产过程中损坏地貌植被和水土保持设施而造成水土流失的，要按期治理。不能按期治理的，由县水行政主管部门治理，治理费由造成水土流失的单位和个人承担。建设过程中发生的水土流失防治费用，从基本建设投资中列支；生产过程中发生的水土流失防治费用，从生产费用中列支
青海省实施《中华人民共和国水土保持法》办法	2003	一切单位和个人对建设和生产过程中造成的水土流失必须负责治理，所需费用从基本建设投资和生产费用中列支。因技术等原因无力自行治理的，可以缴纳水土流失防治费，由水行政主管部门组织治理。省水行政主管部门每年应从小型农田水利补助费中安排百分之二十的资金用于水土保持。水土保持经费的百分之二十用于监督管理工作。水土保持资金和水土流失防治费必须专款专用，不得挤占、截留和挪用
湖南省实施《中华人民共和国水土保持法》办法	2006	企业事业单位和个体采矿者在生产建设过程中造成水土流失的，必须负责治理。水土流失防治费的收取标准和使用管理办法，按照《湖南省行政事业性收费管理条例》的规定制定。企业事业单位和个体采矿者在生产建设过程中损坏水土保持设施的，应当给予补偿
西藏自治区实施《中华人民共和国水土保持法》办法	2008	任何单位和个人在生产建设中损坏地貌、植被造成水土流失的，必须负责治理，因技术原因无力自行治理的，必须交纳治理费，由水行政主管部门统一组织治理。因生产建设的需要而损坏水土保持设施的，应当向管理水土保持设施的水行政主管部门交纳补偿费，补偿费用于水土保持设施建设。水土流失治理费和水土保持设施补偿费的收取标准、使用管理办法，由自治区人民政府水行政主管部门会同自治区有关部门制定，报自治区人民政府批准后实施

　　从表 5 -2 可以看出，长江流域水土保持相关的政策法规更多的是对于水土流失防治费及水土保持经费的收取和利用情况进行规定，没有对保持水土遭受损失的单位和个人进行补偿的相关规定，不利于水土保持工作的良好持续运行。应该对维护水土保持而自身利益受到损失的单位和个人提供补偿或其他形

式的补助，以提高单位和个人水土保持的积极性，促进流域的健康发展。

表5-3　长江流域环境保护相关政策法规

政策法规名称	年份	关于流域水资源生态补偿的相关规定
青海湖流域生态环境保护条例	2003	青海省和青海湖流域州、县人民政府(以下简称州、县人民政府)鼓励、支持单位和个人，采取承包、租赁、股份制等形式，从事青海湖流域生态环境保护和建设，并在资金、技术等方面给予扶持
西宁市节约用水条例	2010	对非计划用水户可根据条件实行阶梯式计量水价，具体办法由市人民政府另行制定。计划用水户超计划用水加价水费和加价水资源费由市、县节约用水管理机构负责征收或者委托有关部门代收，纳入政府非税收入管理，实行收支两条线，专款专用
浙江省曹娥江流域水环境保护条例	2011	对经过清洁生产和污染治理等措施削减依法核定的重点水污染物排放指标的排污单位，绍兴市及流域有关县级人民政府可以给予适当补助。在曹娥江流域依法实行重点水污染物排放总量控制指标有偿使用和转让制度。对曹娥江流域上游地区和饮用水源保护区，根据生态功能保护及环境质量改善情况实行生态保护补偿，具体补偿标准和补偿办法按照省和绍兴市有关规定执行
湖南省东江湖水环境保护条例	2001	对一级保护区内的村民和二级保护区内严重缺乏生产资源的村民，应当统一安排，逐步外迁，妥善安置。经省人民政府批准开发利用经营所得收入中提取一定比例，专项用于东江湖水环境保护和移民安置补偿

从表5-3可以看出，《青海湖流域生态环境保护条例》提出利用市场方式进行青海湖流域生态环境保护和建设，政府给予技术和资金扶持。《西宁市节约用水条例》主要对超计划用水的加价水资源费进行规定。《浙江省曹娥江流域水环境保护条例》对进行清洁生产的企业进行补助，对流域上游地区和饮用水源保护区进行生态保护补偿。这些举措都有利于流域水资源生态补偿效率的提高，促进流域的协同发展。

从污染防治方面来看，部分省市出台了水污染防治条例，如《淮河流域水污染防治暂行条例》《青海省湟水流域水污染防治条例》《浙江省水污染防治条例》《湖南省湘江流域水污染防治条例》，主要是对缴纳排污费、污水处理费相关情况作出规定。而《江苏省排放水污染物许可证管理办法》通过有偿使用或者交易方式取得排污指标的排污单位申领排污许可证，还应当按照规定缴纳有偿使用费或者交易费用。这一举措对污染防治实行了市场化手段，有利于提高流域水资源生态补偿效率。

四、长江流域节点的选择

长江流域面积辽阔，现在对全流域进行研究颇有难度，如果只研究一个点，不能全面反映整个流域的实际情况，所以选取四个有代表性的节点城市进行研究。考虑到流域水资源生态补偿的特性，分别在上中下游都选取研究对象，然后考虑到新区域发展观中长江经济带发展战略，并结合研究团队多年来的定点实证调研，最后决定选取长江上游的四川省中南部的宜宾市、长江中上游接合部的湖北省宜昌市、长江中下游接合部的江西省九江市以及长江流域下游的江苏省镇江市这四个节点进行流域水资源生态补偿效率测度的实证研究。宜宾市是长江上游开发最早、历史最悠久的城市之一，是南丝绸之路的起点；宜昌是长江中上游区域性的中心城市，在整个长江黄金水道绿色可持续开发中起着支点作用，承上游启下游地维护整个长江流域的生态安全；九江市位于长江、京九两大经济开发带交叉点；镇江市位于江苏省西部，长江下游南岸，地处长江三角洲的顶端，处于上海经济圈走廊。

五、数据来源

根据测度的科学性和数据的可得性，流域水资源生态补偿效率测度指标体系中 C1 – C38、C40、C44 – C46 的数据通过《长江资源库》《宜宾市统计年鉴》《宜昌市统计年鉴》《宜昌市水资源公报》《九江统计年鉴》《镇江统计年鉴》的数据整理获得，C39、C41～C43、C47～C50 的数据通过研究团队在宜宾市、宜昌市、九江市、镇江市的多年定点实地调研和访谈资料整理获得。

第二节 长江流域宜宾市水资源生态补偿效率测度

一、宜宾市社会发展相关情况简介

从就业产业结构来看，2005～2013 年宜宾市第一产业就业人员比重最高，第三产业就业人员比重最低。第一产业就业人员比重呈下降趋势，从 2005 年的 54.2% 下降到 2013 年的 46.8%，下降比较缓慢。第三产业就业人员比重总体呈上升趋势，从 2005 年的 25% 上升到 2013 年的 28.1%，上升速度很慢。这表明宜宾市还需要大力进行产业结构调整，以保证经济健康可持续发展，如图 5－1 所示。

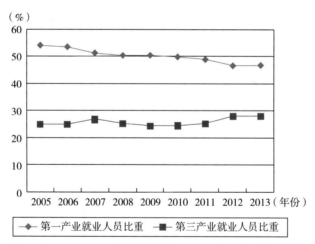

图 5－1 2005～2013 年宜宾市第一、三产业就业人员比重

资料来源：宜宾市统计年鉴。

从居民生活水平来看，2005～2013 年宜宾市人民生活水平不断提高，农村人均纯收入和城镇居民人均可支配收入都逐渐增长。从图 5－2 可以看出，城镇居民人均可支配收入与农村人均纯收入差距很大，并且差距有扩大的趋势。这表明宜宾市城乡发展极不平衡，应该采取对策增加农民收入，提高农民生活水平，促进宜宾市社会稳定和发展。

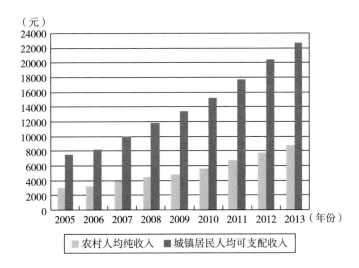

图 5 - 2　2005 ~ 2013 年宜宾市城市居民人均可支配收入和农民人均收入

资料来源：宜宾市统计年鉴。

二、宜宾市水资源生态补偿效率测度

将宜宾市的指标数据通过 SPSS 软件进行标准化处理，结合表 4 - 11 中的测度指标体系的各指标权重，进行测算，得出结果如表 5 - 4 所示。

表 5 - 4　宜宾市流域水资源生态补偿效率测度结果

年份	2005	2006	2007	2008	2009	2010	2011	2012
社会效率	0.15	0.16	0.17	0.19	0.2	0.21	0.23	0.24
经济效率	0.19	0.20	0.21	0.23	0.24	0.25	0.27	0.29
生态效率	0.22	0.23	0.24	0.26	0.27	0.28	0.29	0.29
文化效率	0.01	0.02	0.04	0.06	0.07	0.09	0.10	0.12
政治效率	0.009	0.01	0.02	0.03	0.04	0.06	0.07	0.09
综合效率	0.147846	0.157107	0.16793	0.18711	0.197111	0.208756	0.225387	0.237515

由表5-4和图5-3可以看出，宜宾市流域水资源的生态补偿效率大体呈上升趋势，这表明宜宾市在流域水资源生态补偿方面取得一定成效。但总体效率不高，这说明宜宾市的流域水资源生态补偿还有很大的提升空间。在五个维度层面中，生态效率相对较高，这可能是由于宜宾市位于长江流域上游，为了保证对长江中下游地区保质保量地供应水资源，在生态保护方面做得比较好。在五个维度层面中，经济效率也不高，这可能是由于宜宾市为了使中下游水资源保质保量供应，牺牲了自身发展的很多机会。在五个维度层面中，文化效率和政治效率相对较低，这可能是由于贫困山区的居民普遍文化素质不高，民主参与意识不强。

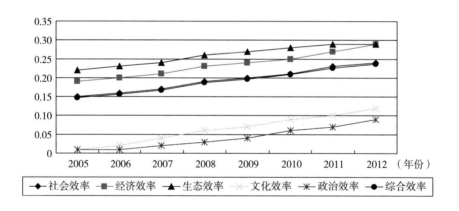

图5-3 2005~2012年宜宾市流域水资源生态补偿效率变化趋势

第三节 长江流域宜昌市水资源生态补偿效率测度

一、宜昌市近年来水资源利用情况分析

宜昌市内的河流均属长江水系。市内河流众多、密度大、水量丰富。先后

建成大型水库 1 座(当阳市巩河水库),中型水库 19 座,小型水库 480 余座,总蓄水量 10 亿立方米,并建有大、中、小型灌溉渠 8000 多条,初步形成东风渠、大溪等 800 公顷以上的灌溉区 11 个,有效灌溉面积 14 万公顷,平原湖区普遍安装了固定的机电排灌站设备。这些水利设施的建成,对于全市的抗旱、灌溉、防洪、排涝及养殖业等起了重要作用,有效地保证了农、渔业生产的发展。

表 5 - 5　2006 ~ 2012 年宜昌市水资源总量及用量

年份	2012	2011	2010	2009	2008	2007	2006
水资源总量(亿立方米)	92.4	86.8	131.6	105.9	145.9	146.2	108.6
入境水量(亿立方米)	4731.1	3479.3	4143.7	3901.5	4313.2	4094.8	2891.2
出境水量(亿立方米)	4816.7	3559.5	4258.6	3998.1	4451.2	4250.6	2995.0
总用水量(亿立方米)	16.70	16.05	14.88	13.28	13.94	13.35	14.49
农业用水比例	34.6%	36.6%	35.7%	32.4%	30.8%	30.3%	35.6%
工业用水比例	52.9%	52.7%	52.8%	55.2%	57.4%	57.4%	53.2%
生活用水比例	10.0%	8.9%	9.6%	10.4%	9.9%	10.3%	9.4%
城镇公共以及生态环境用水比例	2.5%	1.8%	1.9%	2.0%	1.9%	2.0%	1.8%

数据来源:宜昌市水资源公报(2005 ~ 2012 年)。

2006 ~ 2012 年宜昌市水资源总量处于波动状态,与降水量关系较大。2007 年和 2008 年水资源量都超过 145 亿立方米,但在 2011 年下降到 90 亿立方米以下。

从用途来看,工业用水一直占很大比例,2005 ~ 2012 年都超过 52%,其次是农业用水,在 35% 左右,波动不大,如图 5 - 4 所示。

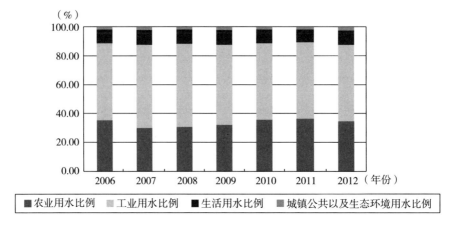

图 5 - 4　2006 ~ 2012 年宜昌市用水产业分布

数据来源：宜昌市水资源公报(2005 ~ 2012 年)。

表 5 - 6 反映的是 2005 ~ 2012 年宜昌市主要用水指标，包括人均总用水量、万元国内生产总值用水量、农业灌溉亩均用水量、万元工业增加值用水量，可以从一定程度上反映节水生产的程度。

表 5 - 6　2005 ~ 2012 年宜昌市主要用水指标统计

年份	2005	2006	2007	2008	2009	2010	2011	2012
人均总用水量	361	362	332	385	331	366	397	409
万元国内生产总值用水量	237	209	163	149	106	95	75	67
农业灌溉亩均用水量	349	353	260	368	277	343	387	348
万元工业增加值用水量	255	333	249	200	141	122	77	66

从图 5 - 5 可以看出，万元国内生产总值用水量和万元工业增加值用水量大体呈减少趋势，这表明宜昌市的节水生产发展良好，但农业灌溉亩均用水量和人均总用水量随着水资源总量的变化而上下波动。

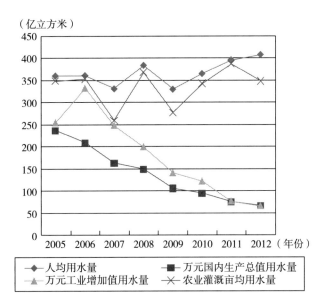

图 5-5　2005~2012 年宜昌市主要用水指标变化趋势

二、宜昌市水资源生态补偿效率测度

将宜昌市的指标数据通过 SPSS 软件进行标准化处理，结合表 4-11 中的测度指标体系的各指标权重，进行测算，得出结果如表 5-7 所示。

表 5-7　宜昌市流域水资源生态补偿效率测度结果

年份	2005	2006	2007	2008	2009	2010	2011	2012
社会效率	0.25	0.27	0.28	0.27	0.26	0.29	0.31	0.34
经济效率	0.31	0.33	0.37	0.39	0.42	0.48	0.49	0.52
生态效率	0.42	0.43	0.44	0.43	0.43	0.45	0.46	0.48
文化效率	0.09	0.1	0.11	0.12	0.12	0.14	0.15	0.16
政治效率	0.12	0.14	0.16	0.15	0.16	0.17	0.19	0.23
综合效率	0.268806	0.286259	0.303712	0.301985	0.305017	0.337457	0.352700	0.380154

从表 5-7 和图 5-6 可以看出，宜昌市流域水资源的生态补偿效率大体呈上升趋势，这表明宜昌市在流域水资源生态补偿方面取得一定成效。但总体效

率不高，这说明宜昌市的流域水资源生态补偿还有很大的提升空间。在五个维度层面中，生态效率相对较高，这可能是由于宜昌市位于长江流域上中游接合处，在整个长江水道的可持续开发中起着支点作用，承上游启下游地维护整个长江生态安全。在五个维度层面中，经济效率也不高，这可能是由于宜昌市为了使中下游水资源保质保量供应，在一定程度上牺牲了自身发展的机会。在五个维度层面中，文化效率和政治效率相对较低，这可能是由于贫困山区的居民普遍文化素质不高，民主参与意识及自身权益保护意识不强。

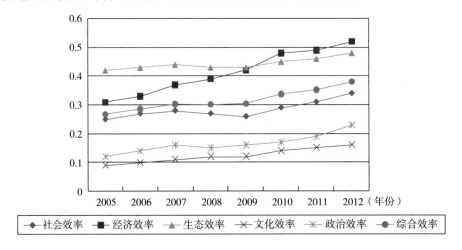

图 5-6 2005~2012 年宜昌市流域水资源生态补偿效率变化趋势

第四节　长江流域九江市水资源生态补偿效率测度

一、九江市流域水资源相关情况简介

九江市完成的流域水资源相关规划。九江市地处长江流域中下游，水资源丰富，政府也很重视水利发展，近年来根据国家相关政策，结合九江市的流域水资源状况，编制完成了大量规划（见表5-8），对九江市流域水资源的管理和利用以及水资源的生态保护发挥了重要作用。

表5-8 2007~2012年九江市完成的流域水资源相关的规划

年份	流域水资源相关的规划
2007	《关于大力推进农民用水户协会组建工作指导意见》；《江西省地表水（环境）功能区划》；《九江市绿色生态建设七个专项行动实施方案》，包括九江市工业园区未经处理污水零排放专项行动、九江市修河源头保护区污染物零排放专项行动、九江市城市中心区有毒有害气体零排放专项行动、九江市二级饮用水源保护区内污水零排放专项行动、九江市城市污水处理设施建设专项行动、九江市淘汰燃煤锅炉（窑炉）专项行动、九江市尾矿库专项整治行动
2008	完成《九江市2008整治违法排污企业保障群众健康环保专项行动工作方案》《2008江西省环境安全隐患百日督查专项工作》《关于环境执法后的督查工作》
2009	组织编制了江河流域规划修编、中小河流治理规划、农田灌溉规划三大综合规划及2010~2013年农村饮水安全规划修编、小型病险水库除险加固规划、县级农田灌溉规划、2009~2015年节水灌溉规模化试点项目建设规划、雨水集蓄（灌溉）利用规划、2010~2015年水利血防规划、共青水利发展规划
2010	初步拟制《九江市水利发展"十二五"规划》，编制九江市水量分配方案和水量分配细化研究报告，先后编制完成小型病险水库除险加固、1~5万亩重点圩堤加固整治、中型病险水闸更新改造、农村安全饮水、中小河流治理、山丘区缺水地区雨水积蓄工程等抗旱水源工程、全市农村水电站增效减排工程、"十二五"水电新农村电气化等规划，制订2010-2015年水利血防项目、大中型灌区续建配套与节水改造可研报告
2011	完成《九江水利改革与发展"十二五"规划》《"十二五"人饮安全规划》《"十二五"高效节水项目区规划》，《九江市地下水利用与保护规划报告》通过省级审查，《九江市水利建设基金筹集和使用管理办法》、《九江市实行最严格水资源管理制度实施意见》、《九江市水量分配细化方案》和《九江市水功能区、县（市）界河及重点水库水质动态监测实施方案》，编制完成《九江市水域纳污能力及限制排污总量意见》和《九江市最严格水资源管理"三条红线"控制指标分解方案情况说明》，《关于加快全市水利改革发展的意见》《柘林湖生态功能区保护和建设规划》
2012	完成《九江市饮用水源地保护规划》《九江市饮用水源地达标建设实施方案》《九江市饮用水源地突发性污染事件水利系统应急预案》《九江市水资源管理"三条红线"分解细化方案》

如图5-7所示，九江市水利投入巨大。2007~2012年九江市的水利投入呈大幅上涨趋势，从2007年的2.85亿元增长到2013年的26.77亿元。这可能是因为九江市位于长江中下游，地势平缓开阔，容易遭受洪涝灾害，并且这

一区域的血吸虫较多，在防洪治理和水利血防方面投入较大，在提高该地区人民的生活水平和生活质量方面有重要作用。

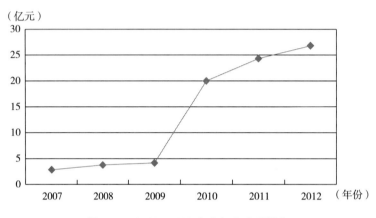

图5-7　2007~2012年九江市水利投入

资料来源：九江统计年鉴。

九江市排污费征收有序进行。如图5-8所示，2007~2013年九江市排污费征收额度逐步增长，虽然地方收入有所增加，但这说明排污量增多，也会加大污染治理难度和成本。

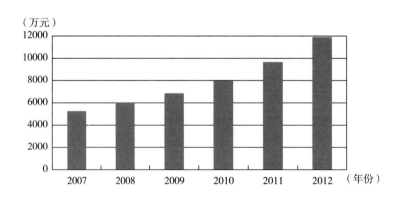

图5-8　2007~2013年九江市排污费征收情况

资料来源：九江统计年鉴。

九江市一直关注解决农村人口的饮水安全问题。如图 5 - 9 所示，2007 ~ 2012 年解决农村人口饮水人数总体上呈增长趋势，这表明在基础设施改善方面取得进步，流域水资源生态补偿的社会效率方面有所提高。

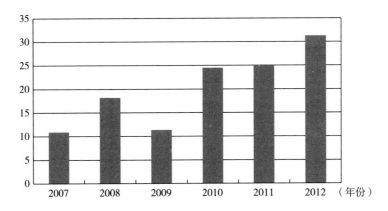

图 5 - 9 2007 ~ 2012 年九江市农村人口饮水安全人数

资料来源：九江统计年鉴。

二、九江市水资源生态补偿效率测度

将九江市的指标数据通过 SPSS 软件进行标准化处理，结合表 4 - 11 中的测度指标体系的各指标权重，进行测算，得出结果如表 5 - 9 所示。

表 5 - 9 九江市流域水资源生态补偿效率测度结果

年份	2005	2006	2007	2008	2009	2010	2011	2012
社会效率	0.22	0.25	0.26	0.27	0.27	0.29	0.30	0.32
经济效率	0.28	0.29	0.31	0.32	0.34	0.36	0.37	0.39
生态效率	0.37	0.38	0.39	0.41	0.41	0.42	0.43	0.45
文化效率	0.12	0.14	0.15	0.17	0.19	0.21	0.22	0.24
政治效率	0.15	0.17	0.19	0.22	0.23	0.25	0.26	0.28
综合效率	0.245213	0.265698	0.278731	0.292925	0.299811	0.318086	0.328087	0.348089

从表5-9和图5-10可以看出，九江市流域水资源的生态补偿效率大体呈上升趋势，这表明九江市在流域水资源生态补偿方面取得一定成效。但总体效率不高，这说明九江市的流域水资源生态补偿还有很大的提升空间。在五个维度层面中，生态效率相对较高，这可能是由于九江市位于长江流域中下游接合处，容易发生洪涝旱灾，地方政府在水利方面投入较大，保证良好的水资源生态环境。在五个维度层面中，除生态效率之外，经济效率相对较高，这可能是由于九江市地理位置优越，水资源丰富。在五个维度层面中，文化效率和政治效率相对较低，这表明文化、政治发展还没达到经济、社会、生态发展的同步水平。

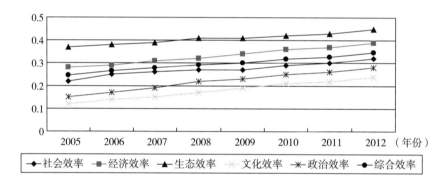

图5-10　2005～2012年九江市流域水资源生态补偿效率变化趋势

第五节　长江流域镇江市水资源生态补偿效率测度

一、镇江市社会经济发展简介

镇江市拥有优越的区位条件和十分便捷的交通条件，西接南京，南与常州、无锡、苏州串联构成苏南经济板块，是南京都市圈核心层城市，经济发展速度较快。地区生产总值从 2008 年的 1491.8 亿元增长到 2013 年的 2927.3 亿元，增长超过一倍。

镇江市的经济快速发展的同时，也很重视科学技术的进步发展。2008 ~ 2013 年镇江市研发经费也呈上升趋势，从 2008 年的 23.9 亿元增长到 2013 年的 71.1 亿元，增加了近两倍。2008 ~ 2013 年，镇江市人民生活水平也不断提高，也存在城乡差距过大的问题。

二、镇江市水资源生态补偿效率测度

将镇江市的指标数据通过 SPSS 软件进行标准化处理，结合表 4 - 11 中的测度指标体系的各指标权重，进行测算，得出结果如表 5 - 10 所示。

表 5 - 10　镇江市流域水资源生态补偿效率测度结果

年份	2005	2006	2007	2008	2009	2010	2011	2012
社会效率	0.31	0.32	0.33	0.35	0.37	0.39	0.41	0.43
经济效率	0.29	0.31	0.34	0.36	0.39	0.42	0.45	0.48
生态效率	0.43	0.45	0.47	0.49	0.51	0.53	0.55	0.58
文化效率	0.30	0.32	0.33	0.35	0.36	0.38	0.39	0.41
政治效率	0.15	0.16	0.17	0.19	0.20	0.21	0.22	0.23
综合效率	0.312361	0.327121	0.343269	0.363271	0.383839	0.405229	0.425797	0.448914

从表 5 - 10 和图 5 - 11 可以看出，镇江市流域水资源的生态补偿效率大体呈上升趋势，这表明镇江市在流域水资源生态补偿方面取得了一定成效。总体效率相对较高，这说明镇江市的流域水资源生态补偿取得显著成效，但仍然存在需要改进的地方。在五个维度层面中，生态效率相对较高，这可能是由于镇江市位于长江流域下游，处于我国东部沿海地区，城市发展比较注重生态环境的建设和保护。在五个维度层面中，除了生态效率之外，经济效率、文化效率

及社会效率相差不大，说明镇江市的社会、经济、文化发展比较平衡。在五个维度层面中，政治效率最低，这表明政治发展还没达到经济、社会、生态、文化发展的同步水平，民主参与程度有待提高。

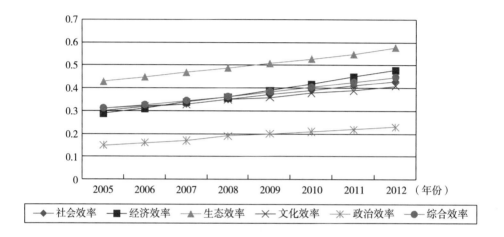

图5-11　2005～2012年镇江市流域水资源生态补偿效率变化趋势

第六节　长江流域四节点水资源生态补偿效率协调度分析和比较分析

一、长江流域四节点水资源生态补偿效率协调度分析

在这里把四个城市的流域水资源生态补偿综合效率作为四个系统，社会效率、经济效率、生态效率、文化效率、政治效率分别作为其系统里的要素。借用模糊数学隶属度函数的分布密度函数，建立宜宾市流域水资源生态补偿效率—宜昌市流域水资源生态补偿效率—九江市流域水资源生态补偿效率—镇江市流域水资源生态补偿效率的协调度函数：

$$C[d(\alpha), e(\beta), f(\chi), g(\delta)] =$$

$$\frac{\min\left\{\left[C\dfrac{d(\alpha)}{e(\beta)}\right], \left[C\dfrac{e(\beta)}{d(\alpha)}\right], \left[C\dfrac{d(\alpha)}{f(\chi)}\right], \left[C\dfrac{f(\chi)}{d(\alpha)}\right], \left[C\dfrac{d(\alpha)}{g(\delta)}\right], \left[C\dfrac{g(\delta)}{d(\alpha)}\right]\right.}{\max\left\{\left[C\dfrac{d(\alpha)}{e(\beta)}\right], \left[C\dfrac{e(\beta)}{d(\alpha)}\right], \left[C\dfrac{d(\alpha)}{f(\chi)}\right], \left[C\dfrac{f(\chi)}{d(\alpha)}\right], \left[C\dfrac{d(\alpha)}{g(\delta)}\right], \left[C\dfrac{g(\delta)}{d(\alpha)}\right]\right.}$$

$$\xrightarrow{\quad} \frac{\left[C\dfrac{e(\beta)}{f(\chi)}\right], \left[C\dfrac{f(\chi)}{e(\beta)}\right], \left[C\dfrac{e(\beta)}{g(\delta)}\right], \left[C\dfrac{g(\delta)}{e(\beta)}\right], \left[C\dfrac{f(\chi)}{g(\delta)}\right], \left[C\dfrac{g(\delta)}{f(\chi)}\right]\right\}}{\left[C\dfrac{e(\beta)}{f(\chi)}\right], \left[C\dfrac{f(\chi)}{e(\beta)}\right], \left[C\dfrac{e(\beta)}{g(\delta)}\right], \left[C\dfrac{g(\delta)}{e(\beta)}\right], \left[C\dfrac{f(\chi)}{g(\delta)}\right], \left[C\dfrac{g(\delta)}{f(\chi)}\right]\right\}}$$

$$C\frac{d(\alpha)}{e(\beta)} = \exp\left\{-\frac{(h-h')^2}{S_\alpha^2}\right\}, \quad C\frac{e(\beta)}{f(\chi)} = \exp\left\{-\frac{(i-i')^2}{S_\beta^2}\right\},$$

$$C\frac{f(\chi)}{g(\delta)} = \exp\left\{-\frac{(j-j')^2}{S_\chi^2}\right\}, \quad C\frac{d(\alpha)}{f(\chi)} = \exp\left\{-\frac{(h-h'')^2}{S_\alpha^2}\right\},$$

$$C\frac{d(\alpha)}{g(\delta)} = \exp\left\{-\frac{(h-h''')^2}{S_\alpha^2}\right\}, \quad C\frac{e(\beta)}{g(\delta)} = \exp\left\{-\frac{(i-i'')^2}{S_\beta^2}\right\}$$

$$C\frac{e(\beta)}{d(\alpha)} = \exp\left\{-\frac{(i-i''')^2}{S_\beta^2}\right\}, \quad C\frac{f(\chi)}{d(\alpha)} = \exp\left\{-\frac{(j-j'')^2}{S_\chi^2}\right\},$$

$$C\frac{f(\chi)}{e(\beta)} = \exp\left\{-\frac{(j-j''')^2}{S_\chi^2}\right\}, \quad C\frac{g(\delta)}{d(\alpha)} = \exp\left\{-\frac{(k-k')^2}{S_\delta^2}\right\},$$

$$C\frac{g(\delta)}{e(\beta)} = \exp\left\{-\frac{(k-k'')^2}{S_\delta^2}\right\}, \quad C\frac{g(\delta)}{f(\chi)} = \exp\left\{-\frac{(k-k''')^2}{S_\delta^2}\right\}$$

其中，$C[d(\alpha), e(\beta), f(\chi), g(\delta)]$表示宜宾市流域水资源生态补偿效率$d(\alpha)$与宜昌市流域水资源生态补偿效率$e(\beta)$、九江市流域水资源生态补偿效率$f(\chi)$和镇江市流域水资源生态补偿效率$g(\delta)$的协调度；$h$，$i$，$j$，$k$分别表示$d(\alpha)$，$e(\beta)$，$f(\chi)$，$g(\delta)$的综合效率；$S_\alpha^2$，$S_\beta^2$，$S_\chi^2$，$S_\delta^2$分别表示$d(\alpha)$，$e(\beta)$，$f(\chi)$，$g(\delta)$综合效率的方差；$h'$表示$d(\alpha)$对$g(\delta)$要求的综合效率协调值，$h''$表示$d(\alpha)$对$f(\chi)$要求的综合效率协调值，$h'''$表示$d(\alpha)$对$e(\beta)$要求的综合效率协调值，$i'$表示$e(\beta)$对$f(\chi)$要求的综合效率协调值，$i''$表示$e(\beta)$

对 g(δ) 要求的综合效率协调值，i‴表示 e(β) 对 e(β) 要求的综合效率协调值，j′表示 f(χ) 对 g(δ) 要求的综合效率协调值，j″表示 f(χ) 对 d(α) 要求的综合效率协调值，j‴表示 f(χ) 对 e(β) 要求的综合效率协调值，k′表示 g(δ) 对 e(β) 要求的综合效率协调值，k″表示 g(δ) 对 e(β) 要求的综合效率协调值，k‴表示 g(δ) 对 f(χ) 要求的综合效率协调值。h′，h″，h‴，i′，i″，i‴，j′，j″，j‴，k′，k″，k‴通过建立 d(α)，e(β)，f(χ)，g(δ) 的耦合回归方程(残差方最小和拟合度最大)获得。四节点城市流域水资源生态补偿效率的协调度计算结果如下：

表 5 – 11　2005～2012 年长江流域四节点城市流域水资源生态补偿效率协调度

协调度 ＼ 年份	2005	2006	2007	2008	2009	2010	2011	2012
C[d(α)，e(β)，f(χ)，g(δ)]	0.567	0.558	0.554	0.571	0.568	0.570	0.571	0.570

　　总体来看，2005～2012 年促进流域四节点城市流域水资源生态补偿效率的协调度变化不大，但协调度很低，表明长江流域区域发展协调度不高。这是由长江流域上中下游的水资源生态补偿制度不同、产业结构不同、经济发展水平不同造成的。长江流域四节点城市的政治、经济、文化、生态、社会发展水平原本就有差异，在流域水资源生态补偿制度方面，制度供应不能满足流域水资源生态保护和生态补偿的需求，另外，在制度制定时没有考虑流域协同发展这一目标，导致流域水资源生态补偿效率不协调，不利于区域协调发展的实现。在未来的制度构建中要充分考虑流域上中下游的实际情况，采取不同的流域水资源生态补偿制度，使流域上中下游实现协同发展。

二、长江流域四节点水资源生态补偿效率比较分析

　　在流域水资源生态补偿相关制度的影响下，长江流域上中下游水资源生态补偿都取得一定成效。通过流域水资源生态补偿效率测度也发现一些不协调。

下面分别从流域水资源生态补偿的社会效率、经济效率、生态效率、文化效率、政治效率、综合效率六个方面对长江流域四节点城市——宜宾市、宜昌市、九江市和镇江市的情况进行比较分析。通过对流域水资源生态补偿各个维度的效率进行比较分析，可以找出长江流域上中下游之间在水资源生态补偿方面的社会、经济、生态、文化、政治发展差异，为流域水资源生态补偿制度优化提供依据。

1. 长江流域四节点水资源生态补偿社会效率比较分析

如图 5 - 12 所示，2005 ~ 2012 年，宜宾市、宜昌市、九江市、镇江市的流域水资源生态补偿社会效率大体呈上升趋势，其中镇江市的流域水资源生态补偿社会效率同比最高，宜宾市的流域水资源生态补偿社会效率同比最低，宜昌市和九江市的流域水资源生态补偿社会效率相差不是很大。这表明长江流域上游的水资源生态补偿社会效率最低，而下游的最高。除了本身的发展差异外，这表明在制度供给方面，上中游也存在不平衡。未来的制度设计要从平衡协调发展方面进行考虑，以促进流域上中下游的协同发展。

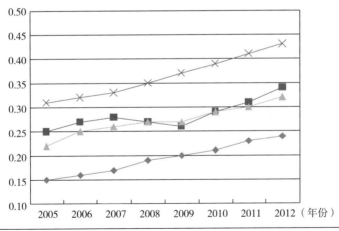

图 5 - 12 长江流域四节点城市水资源生态补偿社会效率

2. 长江流域四节点水资源生态补偿经济效率比较分析

如图 5 - 13 所示，2005 ~ 2012 年，宜宾市、宜昌市、九江市、镇江市的流域水资源生态补偿经济效率大体呈上升趋势，其中宜昌市的流域水资源生态补偿经济效率同比最高，宜宾市的流域水资源生态补偿经济效率同比最低，镇江市比宜昌市的流域水资源生态补偿经济效率略低。这表明长江流域上游的水资源生态补偿经济效率最低，而中下游的相对比较平衡。除了本身的发展差异外，这表明在制度供给方面存在不平衡。未来的制度设计要从平衡协调发展方面进行考虑，对上游地区加大支持和补偿力度，以促进流域上中下游的协同发展。

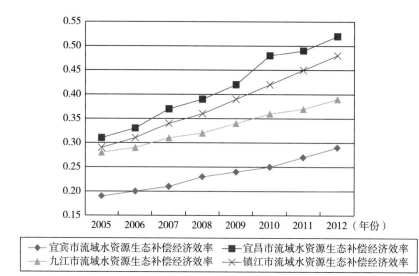

图 5 - 13 长江流域四节点城市水资源生态补偿经济效率

3. 长江流域四节点水资源生态补偿生态效率比较分析

如图 5 - 14 所示，2005 ~ 2012 年，宜宾市、宜昌市、九江市和镇江市的流域水资源生态补偿生态效率大体呈上升趋势，相对其他几个维度的效率来说，生态效率较高。其中，镇江市的流域水资源生态补偿生态效率同比最高，宜宾市的同比最低，九江市和宜昌市的流域水资源生态补偿生态效率相差不大，比镇江市的流域水资源生态补偿经济效率略低。这表明长江流域上游的水资源生态补偿生态效率最低，而中下游的相对比较平衡。除本身的发展差异外，这表明在制度供给方面存在不平衡。中下游地区在发展经济的同时更加注重生态建设和保护。未来的制度设计要从平衡协调发展方面进行考虑，对上游地区加大支持和补偿力度，以促进流域上中下游的协同发展。

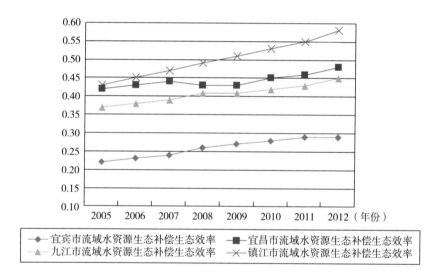

图5－14 长江流域四节点城市水资源生态补偿生态效率

4. 长江流域四节点水资源生态补偿文化效率比较分析

如图5－15所示，2005～2012年，宜宾市、宜昌市、九江市和镇江市的流域水资源生态补偿文化效率大体呈上升趋势，但是相对社会、经济、生态几个维度的效率来说，文化效率较低。其中，镇江市的流域水资源生态补偿文化效率同比最高，因为镇江位于东部沿海，在文化教育方面比中西部地区发达。

宜宾市的流域水资源生态补偿文化效率同比最低，九江市的远低于镇江市，宜昌市的流域水资源生态补偿文化效率又低于九江市。这表明长江流域上游的水资源生态补偿文化效率最低，而下游的最高。除本身的发展差异外，这表明在制度供给方面存在不平衡。下游地区随着经济的快速发展，其文化素质及环境意识逐步增强。上中游地区在文化建设方面相对比较滞后。未来的制度设计要从平衡协调发展方面进行考虑，对上中游地区加大文化方面的建设，以促进流域上中下游的协同发展。

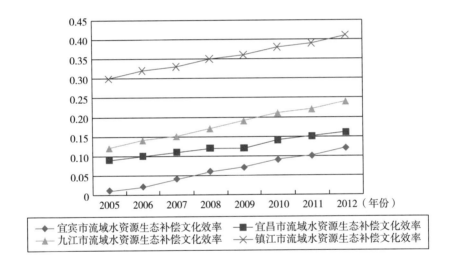

图 5 – 15　长江流域四节点城市水资源生态补偿文化效率

5. 长江流域四节点水资源生态补偿整治效率比较分析

如图 5 – 16 所示，2005 ~ 2012 年，宜宾市、宜昌市、九江市和镇江市的流域水资源生态补偿政治效率大体呈上升趋势，但相对其他几个维度的效率来说，政治效率最低。其中九江市、镇江市和宜昌市的流域水资源生态补偿政治效率相对较高，宜宾市的流域水资源生态补偿政治效率同比最低，并且远低于其他三个节点城市，因为宜宾市位于西部山区，思想较为保守，民主意识淡薄。这表明长江流域上游的水资源生态补偿政治效率最低，而中下游的较高。中下游地区随着经济的快速发展，民主意识逐步增强。上游地区的民主政治建设相对比较落后。未来的制度设计要从平衡协调发展方面进行考虑，对上中游地区加大民主政治方面的建设，以促进流域上中下游的协同发展。

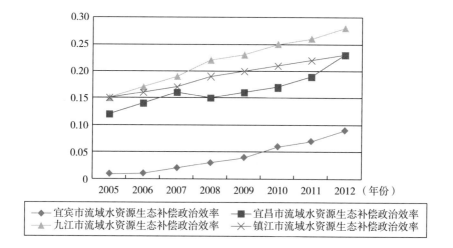

图 5 - 16　长江流域四节点城市水资源生态补偿政治效率

6. 长江流域四节点水资源生态补偿综合效率比较分析

如图 5 - 17 所示，2005～2012 年，宜宾市、宜昌市、九江市和镇江市的流域水资源生态补偿综合效率大体呈上升趋势，但综合效率值不高。这表明在流域水资源生态补偿方面还有很大的改进空间。其中镇江市的流域水资源生态补偿综合效率同比最高，九江市和宜昌市的流域水资源生态补偿综合效率相差不大，宜宾市的流域水资源生态补偿综合效率同比最低。这表明长江流域上游的水资源生态补偿综合效率最低，而下游的水资源生态补偿综合效率最高。除本身的发展差异外，这表明在制度供给方面也存在不平衡。未来的制度设计要从平衡协调发展方面进行考虑，对上中下游地区实行差异化的流域水资源生态补偿制度，并促进流域上中下游的制度协同、技术协同、要素协同，最终促进流域上中下游的协同发展。

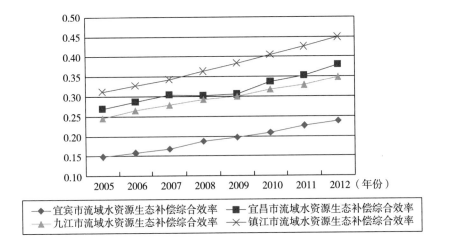

图 5－17　长江流域四节点城市水资源生态补偿综合效率

第六章　流域水资源生态补偿
实践的国际经验借鉴

近年来，国内一些省区对流域生态补偿问题已有实践探究，并取得一些初步的成果。但从总体上看，中国目前无论在理论上还是实践中，流域生态补偿问题都还处于探索研究阶段，还没有形成系统的理论体系和完整的方法架构。国外的一些国家在市场经济运行中较早地涉及流域间利益的分配和补偿问题，并对这些问题进行了深入的研究和实践，且取得了一定的经验。这些经验可以为中国建立流域生态补偿机制提供借鉴。国际上流域生态服务市场最早起源于流域管理和规划，与此同时，流域生态服务市场化产品也应运而生，科学界定生态服务的市场化产品是流域水资源生态补偿的一个重要环节，也是国外开展流域水资源生态补偿的重要依据和基础。

第一节　国际生态补偿方式概述

目前在国际上生态补偿的方式主要有两大类：一是以政府购买为主导的方式，又称公共支付体系；二是运用市场手段来实现的生态补偿方式，如自组织的私人交易、开放的市场交易、生态标记，以及使用者付费等方式。

一、以公共支付为主导的生态补偿

公共支付主要是指由政府来购买社会需要的生态环境服务，然后提供给社会成员。购买生态环境服务的资金，可能来自公共财政资金，也可能来自有针对性的税收或政府掌控的其他金融资源，如一些基金、国债和国际上的援助资金。无论从支付规模还是应用的广泛程度来说，以政府购买为主的公共支付体系都是购买生态环境服务的主要形式。

美国由政府购买生态效益、提供补偿资金来提供生态效益，美国国有林和共有林由联邦林务局和州林业部门做预算，报联邦和州议会批准。奥地利鼓励小林主不生产木材，只要经营森林接近自然林状态，政府就给予补助。芬兰为营林、森林道路建设及低产林改造提供低息贷款，由财政贴息。在德国，企业、家庭营林生产一切费用可在当年收入税前列支，国家仅对抵消营林列支出后的收入征收所得税，同时对合作林场减免税收。

二、以市场为主导的生态补偿

第一，自组织的私人交易。自组织的私人交易模式是指生态环境服务的受益方与支付方之间的直接交易，适用于生态环境服务的受益方较少并很明确，同时生态环境服务的提供者被组织起来或者数量不多的情况，一般是一对一交易。交易双方经过谈判或通过中介，确定交易的条件和价格。私人交易通常限定在一定的范围和透明度内，主要是得益于较为明晰的产权和可操作的合同。一对一交易常见于较小流域的上下游之间、产权比较明确的森林生态系统与其周边受益地区之间、某些保护组织和商业机构为保护生态系统功能而支付报酬等。

第二，开放的市场交易。当生态服务市场中买卖双方的数量较多或不确定，而生态系统提供的可供交易的生态环境服务是能够被标准化为可计量的、可分割的商品形式时，可以令这些服务进入市场进行交易，即开放交易模式。只有当政府明确环境服务为可交易的商品或制定了需求规则时，才可以使用这种方式。

第三，生态标记。生态标记是实现生态环境服务付费的间接支付方式，一般市场的消费者在购买普通市场的商品时，如果愿意以高一点的价格来购买经过认证是以生态环境友好方式生产出来的商品，那么消费者实际上支付了商品生产者伴随着商品生产而提供的生态环境服务。消费者以这样一种方式来购买生态环境服务的关键是要建立起能赢得消费者信赖的认证体系。生态标记制度在国际上是一项普遍实行的环境友好型产品的认证制度。

第二节　国外流域水资源生态补偿实践

发达国家和相关国际组织关于流域环境和水资源的法规体系、产权制度和市场机制比较完善。流域保护服务付费项目一般包括水质、水量和洪水调控。付费的主体可以是个体、企业、区域或政府，个体、企业、区域通常是签署合作协议为其享受的环境服务付费，针对一些具有重要意义的生态区域或生态系统则进行国家支付购买。例如，澳大利亚通过联邦政府的经济补贴，来推进各省的流域综合管理工作。南非则将流域保护与恢复行动同扶贫有机结合起来，每年投入约1.7亿美元雇用弱势群体来进行流域保护，改善水质，增加水量供给。美国保护中则实行票据交换机制，旨在运用市场的手段规范对流域的管理。大多数国家的流域保护补偿则与森林环境服务结合，实行相应的补偿机制，其中政府起着中介的作用，同时市场机制的作用逐渐凸显。

一、哥伦比亚：社区参与和国家流域支付计划

哥伦比亚水资源短缺日益严重，在水资源短缺问题的解决上，政府公共财政资金不足。地方社区的参与确保行动的可持续性。哥伦比亚 Valle del Cauca 的农民成立了水资源协会，投资流域上游地区的保护。第一家协会是"Guabas 河水资源利用协会"（Asoguabas）。后来在地方甘蔗种植者及加工者和政府的考卡河区域自治公司的支持下，该地区陆续成立了多家水资源协会、水资源管理基金及河流公司，这些协会的成立表达了哥伦比亚地方社区对流域保护的需求，其资金来源于成员的捐款，其形式是对水资源支付使用费。Asoguabas 协会的基金通过交费的形式收集，每年四次。流域保护通过各种各样的行动来实现，如通过重新种植植物实现土壤稳定性，以及禁止在脆弱地带放牧等。重点通过地方社区的参与确保行动的可持续性以及区域的管理计划严格遵守区域流域保护规划。流域保护的受益者向提供者支付费用的机制随着时间的推移也在不断地完善。最初，Asoguabas 协会在流域上游被认定为易受侵蚀的区域购买土地，后来，与上游的土地所有者协商签订了土地合约。Asoguabas 作为一个合法注册、有董事会的集团，负责收取费用、管理基金和为上游土地所有者分配报酬。Asoguabas 协会也受到其他农民团体的支持，如甘蔗种植者协会、甘蔗供应协会等，这些团体帮助建立协会并提供管理支持。Amaime、Desbarata-do、Bolo、Frayle、Palo、Jamundi、Tulua，以及 Morales 河等流域也成立了类似的水资源协会。在其他地区，这一思想根据当地情况有所变化，如 Bitacoes 基金会、Daguas River 公司和哥伦比亚用水户联盟等。

哥伦比亚国家流域支付计划。哥伦比亚政府引入国家环境系统，在该系统中，森林得到高度重视，因为森林在保护土壤、控制洪水，以及在干旱季节提供水源等方面发挥了重要作用。另外，政府对环境保护资金来源进行分散化管理。根据 99 号法令，区域自治公司（负责实施环境政策的机构）的独立性更

强，区域自治公司占有公共环境投资的 62%，其余的来自中央政府、国家基金和国际资助。为了确保环境政策的实施能够获得持续资助，政府为区域自治公司提供专款，其中比较突出的就是森林流域服务资助，包括三个方面：一是来自电力公司水电厂的资助（超过 10000 千瓦），3% 的毛收入必须支付给区域自治公司，3% 支付给水电厂流域内的市政府，并且公司基金必须用于流域保护，而市政府基金可以用来改善区域环境和人们的身体健康。二是来自与水有关的投资者的资助，与水有关的投资项目的 1% 以区域自治公司项目监督的形式进行流域保护。三是来自市政府和省的资助，在最初的 10 年间，预算的 1% 必须用来购买土地，以保护为城市供水的流域。

二、美国：流域管理、票据交易、营养元素交易

1. 美国纽约市的流域管理

美国的水资源利用是流域管理与保护同时进行的，如果水资源使用者想要控制非点源污染，就需要与土地拥有者进行协商，如果流域管理需要土地所有者改变土地利用方式，在缺少政策工具的情况下，供水公司就需要为土地所有者改变土地利用方式提供补偿。因此，用水单位与农户及协会进行协商，并签订土地交换协议及土地管理协议。

纽约市 90% 的饮用水来源于 Catskill 流域和 Delaware 流域，这两个流域主要为农村地区，森林占地面积约 75%，该计划的基本设想是，通过补偿流域上游的森林所有者、农场主和木材公司，改进农业和林业，以有效减少水中的微生物病原体和磷含量。纽约市获准可以采用包括减少点源污染和非点源污染的污染减排方案，主要有两个项目来推动流域管理。一是流域农业项目，计划通过 10 年投入 14 亿美元，开展土地认购、保留地役权及流域保护伙伴项目，流域保护伙伴项目为土地所有者进行土壤和水资源保护活动付费。二是森林项目，森林覆盖了 75% 的流域面积，并对森林净水能力和去营养化能力进行

评估。

补偿资金主要来源于以下几个方面：税收、公债、信托基金。纽约市 Catskill 未来基金会为 Catskill 流域的环境可持续性项目提供 6000 万美元的贷款和捐赠。纽约市通过成本分担、补助计划、购买并分配土地所有权、税收优惠、保护地役权、改进森林管理的采伐许可、积极为森林产品寻求市场机会等方式，实施流域管理计划。

2. 美国流域保护中的票据交易所交易

目前三个州已经实施了票据交易所交易机制，包括北卡罗来纳州（North Carolina）的帕姆利科湾（Tar Pamlico Basin）交易系统、爱达华州（Idaho）的博伊西河（Lower Boise River）下游交易系统和威斯康星州（Wisconsin）的岩石河湾（Rock River Basin）磷信用计划。

2000 年纽约市在博伊西河下游排污交易示范工程的最终报告中提出了指导流域交易的建议，流域交易市场的主要特征为：交易系统包括以"Parma pounds"计价的水质信用交易即以博伊西河河口处（Parma）鱼塘的磷减排量计算。水质信用可以通过两种方式确定，即点源污染者的污染减排量超过规定量，或非点源污染者从被认可的明细表中选择了最优管理。有明确可量化的和可计算的信用额度，可量化的信用可以直接测量，可计算的信用可以通过具体的公式进行计算，可量化的信用有不确定的折扣，会降低信用的价值，所以在不同的交易中其所发挥的效应不同。最优管理行动的实施要遵循已有的规则，还应该以资深专家制定的规划为基础。只有在特点时段被确认和计量的污染减排，并拥有"减排信用证书"时，信用额度才能有效出售，所有的信用额度都必须进行核准和备案。尽管任何人都可以购买信用额度，但在国家排污减排系统管理下，点源污染者才是主要需求者，同时信用额度持有者可以与其他信用额度持有者或非点源污染者进行交易。博伊西河下游交易是由非营利的、私营的、多方利益相关者协会，如"爱达华州清洁水合作组织"来进行监督，此协会充当票据交易所并承担相应的责任。通过买卖双方共同签署的交易通告表来接收和登记非点源"减排信用证书"、维护中心交易数据库、作为买卖双方的经纪人、准备流域交易总结、为交易提供其他的额外的帮助。私营买卖者在维护非点源污染减排、监督并确保其正确性方面承担重要责任，但这些活动必须在向合作组织提交减排信用证书前完成。所有交易都必须在国家污染减排制度规定的操作程序下，由环境保护署和爱达华州环境质量局来监督。另外，非点源污染信用必须由土壤保护委员会进行现场确认，一旦发现信用作假，点源污染者就要被追究法律责任。

3. 美国的营养元素交易

美国的营养元素交易是流域水资源生态补偿中应用市场交易机制的典范。在流域政府限定了某项资源需要达到的环境标准后，没有达标和超标的部门可以对指标进行交易，这一模式又称为开放式的交易体系（Trading Schemes）或可配额的市场交易。市场组织模式最早出现在那些有严格法律规定的国家，这些国家一般都设立了严格的水质标准，或者对污染排放量设定了上限。通常情况下，私人企业或者土地所有者都有明确的排放上限。实际上，政府并不关心哪个单位具体排放了多少，只关心是否达到总标准或者有没有超越上限。这使私人企业或者土地所有者可以在以较低的价格取得指标者和无法以较低价格取得指标者之间就排放指标进行交易。如果低于规定的额度时，可以获得排放信用。企业和土地所有者通过对降低排放量和购买指标两个方面的权衡，做出低成本选择。可以使这些指标通过市场组织进行交易。

规制手段在降低营养元素水平方面的效果不是很好，而且需要在各地建立先进的处理工厂，以确保饮用水的质量。为了解决河流的点源和非点源污染问题，美国的几个地区创立了营养元素交易制度，在点源与非点源污染间的交易中，针对点源污染者，规定了某一种养分的排放总量。

从美国营养元素交易案例中可以得到以下经验：第一，美国具有较为完善的法律体系，具有严格的环境标准和良好的信用基础，并且点源污染者和非点源污染者都有极为明确的污染物排放的执行标准。第二，点源污染和非点源污染之间的信用交易值得借鉴，通过点源污染企业资助农业保护项目来进行流域水资源生态补偿，从而增加了企业本身污染物排放的信用，这样既改善了生态环境，也增加了企业的收益。第三，美国企业之间具有点源污染者协会等商业类型的组织进行污染物排放专门交易，所以成立这种组织，建立收取超量污染费的相关政府基金可以极大地促进点源污染企业进行污染物减排，并有效地资助流域水资源生态补偿项目。第四，中国是一个湿地资源丰富但同时又受到极大破坏的国家，湿地是流域生态系统的有机组成部分，湿地银行的做法也值得中国借鉴。

4. 美国流域管理中的水质信用交易

美国的水质信用市场随着环境保护局（Environmental Protection Agency）对于流域交易草案的公布而出现的，这一框架建立于 1972 年的"洁水行动"（Clean Water Action），该计划引入了"国家污染减排制度"（National Pollution Reduction System）和"日最大负荷标准"（Total Maximum Daily Load Criterion），后者确定的最大污染负荷与联邦水质标准相一致。在确定日最大负荷量时，政府必须在主要污染物排放点和非点源污染源之间分配污染物负荷。环境保护局的指导性文件帮助州政府设计交易方案，使其通过一种更为经济的方式来遵守国家水质标准。"洁水行动"着重解决点源污染，而环境保护局强调通过非点源污染减排抵消点源污染。当对非点源污染的关注多数放在农业优化管理措施时，树木就经常发挥作用。交易制度分为：第一种，上限交易制度，专家制定整个流域内的污染排放上限，并根据这个限制，在"日最大负荷标准"内分配可以交易的许可证。第二种，抵消制度，在国家污染减排制度管理下的点源污染者必须通过购买流域内的点源或者非点源污染信用来抵消其所超量排放的污染。在抵消制度中购买信用的成本高低很重要。信用市场为买方提供了一种可以使卖方相互竞争的机制，从而可以获得最便宜的商品，需要考虑到有反竞争的行为。Tar - Pamlico 流域的休闲、商业垂钓价值极高，同时它还是卡罗莱纳州中东部八个城镇的饮用水源地。随着时间的流逝，该流域营养富集水平越来越高，尤其是氮和磷元素，导致了海藻繁盛，降低了溶解氧的含量，对水生生物产生重要影响。流域内鱼类死亡率及水生植物的患病率及损失都大大提高。富营养化不断加剧的主要原因是非点源污染的排放，最值得注意的是农业污水。整个流域主要是林地和农业用地。许多农场使用过时的设备并大量化肥的使用，使该流域被确定为营养敏感水域。为限制营养富集，政府引入了严格的污染排放标准，其中夏季为 4 毫克/升，冬季为 8 毫克/升，磷的富集限定为全年 2 毫克/升。此标准将逐步采用，前四年实现 28% 的营养减量，其中主要是氮的减量。为了使达到标准的成本最小化，一个排放者协会（Tar - Pamlico 流域协会）提议进行营养排放交易。整个提议是在排放者之间进行交易，或者从非点源污染排放者处购买抵消排放信用。后者将通过向国家农业优化管理行动成本共享计划捐款来实施。协会最初同意为每千米减排支付 56 美元。基金转移给区域办公室用于对优化管理行动的投资，且优先用于富营养化污染减排，抵消信用有限期为 10 年。最初协会每年向抵消制度管理委员会提供 15万美元，并向信用捐款。三年后，抵消排放信用价格下降了近一半，变为每千米 29 美元，与不通过交易达到水质控制目标的方法相比，协会每年可以节约600 万美元。虽然节约的款项可观，但这些收入能否实现公平共享仍不明晰。作为水质信用的唯一买家，协会有很大的能力可以压低价格。另外，协会在建立新的市场中扮演了重要的角色，并且可以为降低交易成本提供有价值的模式。然而，随着市场的成熟，协会的这种市场权力也可能成为一种局限。

三、菲律宾森林保护区流域付费机制

马里兰以南 100 千米处 Laguna 省的 Makiling 森林保护区，因为其生物种

类丰富、环境休闲舒适、土壤肥沃及水资源丰富等特点而受到关注和重视。该保护区含五个地区，多家水公司及当地居民提供工业和商业用水服务。后来由于用水需求量不断增加、蓄水区受到污染侵蚀、森林用地用途改变，导致该区水量不断减少、水质日渐下降。后来，Makiling 森林保护区转交给菲律宾 Los Banos 大学为国家电力公司管理其水能和地热能。随着 Makiling 山脉开发和保护总体规划的实施，Los Banos 大学被赋予更大的权力。该规划制定了一系列目标，包括增加森林覆盖率、保护生物多样性、建立示范区、提高制度建设能力。实施该总体规划的关键问题是资金来源问题，主要来源包括从中央政府获得的经常性财政转移收入、入场费收入、出租费和不动产转让收入。但远不能满足所需经费，后来提出收取流域保护费的计划。流域保护费机制旨在使保护区下游愿意为流域保护而付费。受益者都有缴费的义务，但最初收费方案主要针对主要用水户，即提供饮用水的区域供水公司、没有享受区域供水公司服务的居民、政府机构、风景名胜区、私人池塘及其他机构。这些单位的用水量占68%，他们愿意支付的费用在 0.03 ~ 0.04 美元/立方米，当初预期的是 0.014 美元/立方米。收取的费用形成 Makiling 森林保护信托基金，信托基金由利益相关者管理委员会监督实施，该委员会成员包括来自政府研究机构、其他大型承租人、民众组织、地方政府机构（Laguna 和 Batangas）、Laguna 旅游协会、Laguna 工商业议院、私人工业和非政府组织代表。该委员会主要负责制定有关的政策纲领和标准，以确保信托基金顺利运行。为了进一步实施该计划，特别强调与主要利益相关者进行协商，这对享受流域服务的受益人树立缴费意识具有重要意义，同时还能够提供解决办法。例如，来自政府、民营部门和水合作组织的 40 个用水户进行了协商，举办了论坛，探讨有关取水与管理机制方面的政策与纲领，其中，与会者就收费达成一致意见，即收费由一个独立的金融机构进行管理同时由多方利益相关者委员会进行监督。

四、南非：以遏制外来植物入侵为初衷的生态补偿机制

长期以来，由于自然环境的原因，南非的水资源比较紧张，人均水资源量为 500~1000 立方米/年，地表水和地下水都难以缓解水资源紧张的局面。南非经济社会发展最紧迫的制约因素就是可利用的水资源短缺，由于水资源短缺导致的疾病、贫困和饥饿进一步加剧了南非对可利用水资源的需求。很长时间以来，南非通过建设跨流域调水和抽水系统等复杂的供水工程，来缓解不断增长的水资源需求。随着南非用水量的日益增长，可开发利用的水资源不断减少，南非 19 个集水区有 12 个出现了水资源赤字，只能从水资源剩余区跨流域调水供给出现水资源赤字的集水区，但供水成本也不断增长，水利工程建设已经不能缓解水资源短缺，只能寻找其他方法来增强和保护水资源的供给能力。在南非草原集水区，湿地较强的渗水能力吸收了夏季的降水，当旱季到来，渗透水慢慢释放用以维持集水区的基本流量。但过度放牧、耕作、堰塞、湿地开垦等不适当的利用方式危及了草原湿地的供水功能。更糟糕的是，因为造林，在草地上种植了能截取集水区径流量的外来树种，这些树种能够截取地表径流，尤其是在接近河道的地段。另外，河道基流也被侵入河道的外来树种截取。同时，外来入侵植物种群吞噬了本地物种，较高的外来入侵植物数量导致了更高比例的土壤水分蒸发和蒸腾损失。外来植物侵入了南非 1000 万公顷的土地，西 Cape 地区的外来植物入侵情况最为严重，大约占总面积的 1/3，约 54% 的河岸地区已经遭受入侵密度不低于 25% 的外来植物入侵。外来植物对河道和重要集水区的入侵大大减少了其径流量。相对于自然植被，外来入侵植物每年需要额外消耗约 33 亿立方米的水资源。西 Cape 的重要集水区径流量减少得最多，年均径流量减少约 31%。由于外来植物入侵而导致的可利用水资源损失量达 6.95 亿立方米，为总登记用水量的 4%，如果这种状况持续下去而不加以控制，可利用水资源损失量将达 27.2 亿立方米，将占总登记用水量

的 16%。基于外来入侵物种的影响，为了保护国家水资源，政府必须控制外来物种的入侵，控制手段包括人工清理和生物控制两种方式。南非政府公布的《农业资源保护法案》（Agricultural Resources Protection Act）赋予了土地所有者清理其土地上外来入侵植物的责任。但是，由于清理成本较高，如果入侵程度较强，土地所有者很难承担清除外来入侵植物的责任。为应对外来入侵植物对国家水资源安全的威胁，南非政府建立了水资源项目（Working for Water，WfW），通过实施生态补偿手段，从根本上遏制外来植物入侵，缓解国家水资源短缺的巨大压力。

　　水资源项目是南非缓解贫困的公共项目，由水事务和森林部门（DWAF）授权来控制外来入侵植物，每年的预算超过 4 亿兰特，是南非缓解贫困和公共支出最大的单项。自然资源投资扶贫委员会是水资源项目最主要的资金来源，1995～2006 年，扶贫委员会所提供的资金平均占水资源项目总资金的72.35%。水事务和森林部门的水交易账户是水资源项目的另一资金来源，这个账户的资金来源于用水户的缴费。该部分资金主要用于控制外来入侵植物及其对水资源造成的负面影响。水事务和森林部门对用水户征收的水税包含水资源的管理费用。虽然在集水区税费征收过程中没有对富裕的和贫穷的用水户区别对待，但实行了阶梯水价措施。水资源管理费用包括外来入侵植物控制费用、植树造林、项目实施、污染控制、项目管理、水资源分配和使用控制费用等。目前，全国 19 个水资源管理区（WMAs）中有 13 个管理区已经征收外来植物清除费用，将来还要将征收范围扩展到全部的 19 个水资源管理区。外来植物清除费用的征收基于估算的水资源项目的成本，按照用水户的承受能力来确定权重，由农业、工业部门和家庭用水户共同承担，以确保水供给和分配的公平。最初，只有家庭用水户全部付费，考虑到实际的支付能力，不仅不征收农业部门的水费，还为农业部门提供足够的用水补贴，对林业部门则不进行征收。后来随着外来入侵植物影响的加深，这种状况可能会发生改变。为了缓解当地水资源的短缺状况，部分市政当局也加入了水资源项目补偿协议。为了有效地实施水资源需求管理，应对严峻的水资源紧缺形势，西 Cape 地区的沿海保护小镇 Hermanus 当局引入了一次性比例征税系统，有效地提高了用水户水价，并使本镇水价超过了其他地区。所征收的大部分税收支付给了水资源项目，用以清除 Hermanus 镇水源地集水区的外来入侵植物。

在南非，供水设施属于城市供水企业所有，财政上是独立的。为确保持续供水，部分供水企业已经与水资源项目签订了持续供水合同。在西 Cape 地区，Trans Caledon Tunnel Authority（TCTA）对项目负责实施，并对 Berg 水项目所筹集的 16 亿兰特的资金负责。Berg 水项目承担当地农民和 Cape 城供水的 Berg 河大坝建设任务，Berg 水项目资金来源于水资源销售收入。该公司认为实施生态补偿具有经济合理性，因而与水资源项目签订了三年期合同，向水资源项目支付 800 万兰特以清除该区域的外来入侵植物。

此外，水资源项目早期接收了部分国际援助资金，虽然仅占总资金预算的一小部分，但对于项目的早期发展起到了重要作用。水资源管理机构是水资源项目的正式合伙人，也为项目提供的部分资金。多年来，水资源项目通过南非林学会，即代表商品林的非政府组织，发布了《森林业资金匹配和支付报告》。另外，还有各式各样的捐款。

水资源项目的一个特点是成本相对较低，因为劳动力成本低，且不存在土地利用方式的变化。水资源项目在清除外来入侵植物和恢复供水方面取得巨大成功。扶贫是水资源项目的主要目标之一，项目创造了大量的就业机会，强调男女平等，带来了技术培训、健康检查和艾滋病预防等有利条件。尽管项目的社会价值比提供水资源服务的价值要高，但私营部门和用水户的需求可能不断增加，如果项目严重依赖扶贫资金，那么将陷入困境，所以，要求使用者付费对于确保水资源生态系统服务的持续提供具有重要意义。

水资源项目主要关注水资源服务的改善，而不是水资源生态的修复。为弥补这一缺陷，南非政府又实施了两个致力于栖息地修复的项目：湿地项目（Working for Wetlands）和林地项目（Working for Woodlands）。湿地项目主要关注生物多样性保护和水资源服务的改善，林地项目则与碳汇服务有关。防火项目（Working on Fire）是水资源项目的另一产物，该项目促进并积极参与将安全用火作为环境管理干预手段之一的系列活动。

通过经纪人管理的生态补偿促进机构，服务的提供者可能主要是类似水资源项目的以自然资源为导向的扶贫项目，也可能包括土地所有者和直接保护机构，在这种结构下，成本将会传递给水资源服务的消费者，因而不需要为集水区保护而向用水户特别征收税收。

五、法国的毕雷矿泉水付费机制

法国东北部的 Rhin – Meuse 流域水质受到当地农业生产活动的污染，天然矿物质水公司是把该地区的干净水源作为制作材料的，当水质受到污染时，决定为保持水质而付费。该公司向居住在该流域腹地的 40 平方米的奶牛场提供补偿，对农民的补偿数额较高、保存时间较长。

六、印度流域管理中的嵌套市场

很多因素都可以影响参与方式。在参与型流域治理方案中，合作是通过复杂的层级管理实现的，这种管理通过组织分配责任。市场手段在协调方面所起的重要作用也有很大的潜力：用公开有效的方式管理参与者的互动；确保广泛参与的利益分享机制；自我融资机制。印度 Sukhomajri 是印度最早参与流域治理的地区之一，是为了解决日益严重的水资源短缺问题。

七、哥斯达黎加国家森林基金生态服务付费模式[①]

哥斯达黎加政府成立国家森林基金（Fondo Nacional de Financiamento For-
estal，FONAFIFO）与水力发电公司 Energia Global 签订了协议。水力发电公司
Energia Global 签订了第一份协议。Energia Global（EG）公司向位于其两个水
力发电站上游的土地使用者支付费用。随着在生态服务许可证（Certificados de
Servicios Ambientales，CSA）的引入，与水资源使用者签订的协议越来越多。
FONAFIFO 需向相关的水资源使用者出售一定数量的许可证，不需要为每一份
协议的签订都进行协商。同时，支付的费用也在增加。之前水资源使用者只需
支付四分之一的保护成本，后来签订的协议要求水资源使用者支付全部的保护
成本以及 FONAFIFO 的管理成本。一般情况下，与水资源使用者签订的协议的
有效期为五年。后来，哥斯达黎加通过修改水价进一步提高了水资源使用费
用，同时引入用于流域保护的保护费。增加的费用，其中 25% 将通过 PSA
（Pagopor Services Ambientales）项目进行使用，50% 分配给环境与能源部的水
资源局，另外 25% 支付给自然保护区。

八、欧盟的差异化生态补偿政策

随着农业技术革新与市场化的发展，欧盟的农业生产力有了较大发展。但
欧盟的农业发展是以大量的自然资源消耗、大量化肥和农药的使用为基础的，
这就导致了水源、土壤污染，以及重要生态系统的破坏。欧盟农业发展所带来
的环境问题一方面使农产品的质量安全受到影响，也使欧盟农业的可持续发展
受到挑战。欧盟制定了共同农业政策（Common Agricultural Policy，CAP），后
又引入了一系列改革措施，降低农产品保证价格，对土地退耕的生产者进行补

---

①　Pagiola, S. Payments for environment services in Costa Rica. Ecological Economics，2008，65：712－724.

贴，还有一些社会与环境措施，这可以被认为是欧洲生态补偿政策的开始。

瑞士农业政策的制定受多方面因素的影响，目标之一是改善生态服务，政府想通过对生态补偿区域的农场进行资金支付来达到这一目标，因为生态服务是由农场提供的，但是相关的评估项目显示，只有财政激励不能保证生态补偿区域的实现（Jahrl et al.，2012）。对传统农民、进行有机生产和综合生产的农民进行有组织的访谈。经济、生态及社会方面的激励都会影响瑞士低地农民实现生态补偿区域。如果农民能够认识到生态补偿是和保护相关的，或者是生态补偿能够容易地和农场的工作联系在一起，那么生态补偿基本上就可以实现。对传统农民来说，经济因素比生态因素更能影响他们的行为决策；对进行有机生产和综合生产的农民来说，生态因素是最重要的决定因素。但生态补偿区域的数量及质量与激励措施之间的相关性不强。为了有效地增加生态补偿区域，重点应该放在谈论具体措施的收益上，使农民和消费者更加容易接受（Chevillat et al.，2012）。要求农场接受补助金的生态补偿区域，可以从一定程度上解决瑞士耕作区生物多样性减少的问题。但还是存在生态质量不高、生态补偿区域地点不恰当的情况。全农场公告可以有效地改善这一状况，甚至是在农场密集的瑞士高原。所有参与的农场愿意签署合同，这将使生态补偿平均区域增加到农业用地的13.5%，以前是8.9%。至关重要的是，根据有关生态质量的条例，符合质量要求的生态补偿区域增加到农业用地的8.5%，以前是3.3%。生态方面取得了实质性进展，并且对农业生产和收入没有负面影响。

第三节　国外流域水资源生态补偿的特点

国外流域生态补偿能够综合运用公共财政手段和市场手段，在补偿付费方面采用了公共交易、私人交易、生态标记等一些方式，补偿方式透明、开放、自由并且灵活，并能提供相应的法律制度保障和相关的政策配套的支撑，保证了补偿工作有序、有理、有节地开展。

政府发挥了很好的主导作用。在流域水资源生态补偿中，政府是关键的力量。注重政府的主导作用，加快横向转移步伐。政府在流域水资源生态补偿中所起的作用不可小觑，甚至是决定补偿工作成败的关键力量。政府主导作用表现为流域水资源生态补偿制定相关的法律规范和制度，在实行跨区域流域水资源利用生态补偿时，应进行宏观调控，为流域水资源利用生态补偿提供政策和资金上的支持，在市场机制尚未发生主导作用的时候，政府对于水资源保护发挥了主导作用。在国外生态补偿实践中，政府仍然是为生态环境付费的主要方。发达国家的生态补偿资金大部分是由政府拨款。

相关的政策法律体系为流域水资源生态补偿给予了法律支撑。国外流域水资源利用生态补偿实践取得巨大成功的主要原因是有完善配套的流域生态补偿政策法律体系，它们认为完善的政策法律体系是流域水资源利用生态补偿的基础和前提。如美国甚至为了有效的流域生态补偿方案得以实施对既定的流域管理条例重新修订。流域生态补偿法律体系包括流域管理和生态补偿的专门法规以及其他法规中关于流域管理和生态补偿的条款。流域水资源利用生态补偿工作不是简单地执行某一政策法律，政策法律只是表明国家或地方政府保护生态的决心，仅是一些原则性或结论性的规定。但采用哪种方式来完成政策目标，都需要结合实际的项目来确定。无论是财政支付还是通过市场来购买服务，要实现流域水资源利用生态补偿目标，靠制定单一的政策是不可能完成的，必须将其他相关政策作出调整来配合，比如纽约市清洁水购买案中的税费调整。所以流域生态补偿机制的建立也要注意相关政策调整。

重视流域水资源服务市场的作用。只依靠政府来实现生态补偿是不能完全解决经济发展与水资源环境保护的矛盾。虽然中国现行的以政府主导的流域生态补偿在开始阶段效果显著，但是随着补偿工作的深入，难以担保不会出现

"政府失灵"的情况。在流域生态补偿机制建立过程中，一定不能把政府与市场完全分割开。在重要生态功能区和跨区际生态补偿工作中，政府应该处于主导地位，但是在补偿工作进行的某些环节可以适时地引入市场机制，例如利益相关者参与以及协商机制，从而保证生态补偿工作的效率和长效性。对于某一行政区内流域上下游展开生态补偿，也可以考虑以市场贸易的方式实现，市场起主导作用，政府在此时可以配合性地做些工作同时做好交易市场监管工作。

注重流域合作管理，参与主体多元化。流域生态系统是一个整体，要实现建立整个流域的生态补偿机制，一个地区或一个部门是不可能完成的，只有通过部门合作、上下游之间相互配合才能奏效，因此，流域生态补偿要打破地域界线，以整个流域为立足点建立长效合作机制。国际上以全流域合作推动生态补偿机制建立（如德国易北河的生态补偿案例），实现利益共享、责任共担的目的。注重社区、民间组织及企业公司的重要促进作用。

第四节　国外流域水资源生态补偿对我国的启示

国外的流域水资源生态补偿以其完善的流域管理法律体系为支撑，鼓励公众广泛参与，通过市场交易实施生态补偿，成功提高了流域管理效率。

一、建立统一协调的流域管理体制

中国目前还没有有效地跨行政区流域环境协调，像长江水利委员会、黄河水利委员会、辽河水利委员会等机构更多的是水利部下属的治水以及主管水资源分配的机构，并没有环境协调、监督、执法等相关的权力。另外，管理太分散，这样人为地将水资源生态系统条块分割，更难治理水污染。所以，中国实施流域水资源生态补偿应该遵循水资源生态系统的整体性和关联性，以自然水系流域为单位建立能够对流域进行统一集中管理的行政部门。强化政府职能，在中央和地方设立专门的流域管理机构，对流域发展、水资源保护等进行统筹规划。

强化政府职能，注重流域管理。要更加注重发挥政府在流域水资源利用生态补偿的主导性作用，强化流域生态保护管理部门的责任，强化政府部门之间的协调能力，结合实际探索多元化的流域水资源利用生态补偿手段，引导利益既得者搞好生态保护与建设活动。在中央和地方设立专门的流域管理机构，对流域发展、水资源保护等进行统筹规划。确定流域的尺度及流域生态补偿的各利益相关方即责任主体，在上一级环保部门的协调下，按照各流域水环境功能区划的要求，建立流域环境协议，明确流域在各行政交界断面的水质要求，按水质情况确定补偿或赔偿的额度；按照上游生态保护投入和发展机会损失来测算流域生态补偿标准；选择适宜的生态补偿方式。

二、完善流域水资源管理法律体系

中国应该结合国内流域水资源生态补偿的实际情况，完善包括《流域水资源生态补偿条例》或《流域水资源法》在内的流域水资源法律体系。流域水资源生态补偿要与水权的初始分配有效结合，建立国家初始水权分配制度和水权转让制度。完善流域水资源服务市场，加快专门法律法规的出台。流域服务市场需要行政、法律与执行基础结构。加快制定和完善流域生态补偿的法律制度，使流域水资源生态补偿步入正规化、制度化、法治化轨道。中国尚没有国家层面的流域水资源生态补偿立法，各地的流域生态补偿实践多依据地方行政法规、政府文件、政府间协议而开展，这在一定程度上束缚了地方生态补偿实践的规模，也导致相关利益主体对于流域生态补偿机制的严肃性及合法性提出质疑。加快制定出台国家层面的生态补偿法律法规对于从根本上解决中国流域生态补偿实践法律依据不足的问题，确保政策延续性具有重要意义。

三、采用灵活多样的流域水资源生态补偿方式

国外在流域水资源生态补偿实践中充分发挥了市场机制的调控作用，辅以政府的管理和引导，成功提高了流域管理效率。美国纽约市通过成本分担或补助计划、购买分配土地所有权、税收优惠、保护地役权、改进森林管理的采伐许可、积极为森林产品寻找市场机会等方式，实施流域管理计划。田纳西河流域则通过建立政企合一的流域管理局，通过启动政府资助金，运用市场机制，采用了政府和市场有机结合的流域开发管理模式，成功培育出自我发展的能力。美国部分地区的营养元素交易则运用了信用交易手段。另外，用基金会的组织方式对流域进行管理。美国在科罗拉多河流域的管理机制中引入了信托基金方式，基金的董事会应该包括用水各方的代表，基金成立的指导思想主要基于公益性用途，不完全依靠联邦政府和私有企业的投入，还依靠社会的支持以保护流域区内的生态环境。法国的流域水务局除负责流域水规划的审批和上报外，同时又作为一个金融机构，代表国家接收地方省、区上缴的部分税款，然后根据需要，再把这些资金投资到修建水利工程中去，通过更好地开发利用流域水资源为社会提供服务，同时流域内的水利基础设施建设可向政府贷款或向社会筹资，靠水费或者电费来支付利息和偿还政府贷款。

这些方式都可以在中国流域水资源生态补偿实践中加以试点，结合试点情况和各流域自己的特点，采用适合各流域的水资源生态补偿方式。实行补偿方式多样化。在探讨生态补偿的补助方式时，应该结合社区现有的生产实际，探寻多样化的补偿形式，提高贫困地区的造血功能。政策适当对上游地区倾斜，加强公共基础设施建设，加大技术支持和技术推广，改善教育环境，注重产业结构调整，促进当地生产发展。

四、鼓励构建并强化流域生态补偿协会组织的地位

国外很多国家都成立了诸如流域协会、用水户协会等流域水资源生态补偿民间组织，中国流域水资源生态补偿管理和实践应借鉴这些经验。为使各利益相关方都可以表达自己的诉求，在土地公有制背景下，必须建立代表各利益相关方的协会组织，培养流域水资源生态补偿中进行多方谈判的代理人，同时在流域管理机构中充分吸纳相关专业的专家以及流域居民、用水者及社会组织代表，在作出重大决策时，建立科学论证制度和听证制度，广泛听取各方的意见，实现信息互通、规划和决策过程透明，提高决策的科学性和民主性，以及流域水资源生态补偿效果的公平性。在流域水资源生态补偿中，上游地区的农民作为农业生产的主体和农业生态补偿的直接受益者，在流域水资源生态补偿中的主体作用不容忽视，能否充分发挥农民的主体作用，是能否顺利实现流域水资源生态补偿目的的关键（李长健等，2008）。

五、流域水资源生态补偿实践中的社区参与

社区是资源有效保护的主体，以社区发展理论来构建可持续资源利用模式，更能促进自然资源保护与社区的协调发展。以社区为基础的资源保护管理方式，也许就是实现自然资源有效保护的途径之一，环境目标与社区生计目标相结合在补偿策略的设计和实施过程中，必须把环境目标与社区发展、社会公平的目标结合起来，以保证其运作过程能得到社区的支持。生态环境的退化通常是由过度使用自然资源而导致的。生态环境的恢复、保护和当地农村发展之间是存在矛盾的。若背离农村发展的目标，由政府单方面进行生态环境建设，也许生态目标可以实现，但需要巨大的成本。这就需要从农村发展的角度出发，把生态目标与经济目标结合起来。在生态补偿实施过程中，自然资源的使用权和管理权是前提条件。当农村社区拥有使用权和管理权时，生态补偿的实

施策略应该与多途径改善农民生计联系在一起。反之，就应该向农村社区转移权力。因为赋权给当地社区，就意味着向贫困社区注入了财产，可以发挥农民的主观能动性，为提供环境服务产生激励作用。此外，扩大社区使用资源的渠道和权利，对社区的管理行为进行补偿，可以在改善社区生计的同时，保证环境服务的供给。

第七章 流域水资源生态补偿制度优化设计

第一节 制度优化的总体思路

为了促进流域区域间的协同发展和利益和谐，提高水资源利用效率，促进经济发展，利用协同观的思维进行制度架构，既包括制度要素之间、技术要素之间及制度要素与技术要素之间的协同，又包括多元利益主体的协同、各效率影响因素的协同、跨流域的协同、资源系统与社会系统的协同，最终达到区域间的协同发展，并通过"改革存量利益与发展增量利益"来促成生态补偿中的利益和谐，促进技术要素从"用存量"技术到"扩增量"技术方向发展，促进制度政策要素从"用好存量"制度政策到"扩备增量"制度政策方向发展，从而最终达到区际间社会系统与自然系统的协同发展。

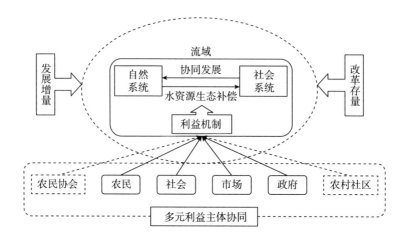

图 7 –1　总体思路

第二节　流域水资源生态补偿制度优化的价值取向

一、五元一体协调发展的流域水资源生态补偿

流域水资源生态补偿最初是为改善流域水资源环境、保证水资源足量高质供应而提出，同时也为了协调流域内相关主体利益关系，即利益的重新分配。直观来看，流域水资源生态补偿主要产生生态和经济效应。但实际上，除了对生态和经济有影响之外，还会不同程度地产生社会效应、文化效应和政治效应。这是因为，为了保证流域水资源水源地的水质状况，会对上游地区加强基础设施建设，并转移农村剩余劳动力，从而产生社会效应。随着流域水资源生态补偿的广泛开展，居民的水资源保护意识及社会公德意识都会逐步提高，这就产生了文化效应。水资源污染会降低居民的生活质量，容易引起公众的不满

情绪；上游地区因为保障水资源有效供应限制了自身的发展，长此以往也会引发上游地区居民的不满。流域水资源生态补偿会逐渐解决这些问题，从而维护了社会稳定，这就产生了政治效应。在流域水资源生态补偿制度制定和实施时要考虑五个方面的因素，促进社会、经济、生态、文化和政治的协调发展。

二、流域上中下游协同发展的流域水资源生态补偿

流域是一个整体性的单元，其内部很多要素都具有关联性。由于地理条件、资源禀赋不同及其他历史原因，流域上中下游的社会、政治、经济、文化、生态存在发展不平衡的状况。流域水资源生态补偿作为协调流域各主体利益关系的一种手段，应该充分考虑流域上中下游发展不平衡的现状，在制定流域水资源生态补偿制度时，注重存量改革，促进利益的公平分配，以促进流域上下游之间的协同发展。

中西部上游地区大多是经济发展落后的偏远山区，但却承担了更多的生态环境保护和建设责任。中游地区大多正处于发展上升期，要兼顾环境保护和经济发展的平衡。东部下游地区大多是经济发展较发达地区，没有为水源地保护承担责任，却直接享受高质的水资源。在实施流域水资源生态补偿时，应该加大对中上游地区，特别是上游地区的补偿力度，弥补维护生态建设的成本和发展机会成本，目前的补偿力度都不够补偿上游水源地区的维护生态建设的成本和发展机会成本，这样会加剧流域发展差距扩大，不利于流域协同发展及利益和谐。

三、流域之间协同发展的流域水资源生态补偿

中国有七大流域，由于各流域地理条件、资源禀赋不同及其他历史原因，流域上中下游的社会、政治、经济、文化、生态存在发展不平衡的状况。在流域水资源生态补偿制度的制定中要考虑流域之间的协同发展问题，以促进中国

流域水资源的生态保护和高效利用。

从 2013 年的统计数据来看，长江流域断面劣 V 类的比例为 7.5%，黄河流域断面劣 V 类的比例为 33.3%，珠江流域断面劣 V 类的比例为 6.4%，淮河流域断面劣 V 类的比例为 25.5%，海河流域断面劣 V 类的比例为 62.7%，辽河流域断面劣 V 类的比例为 42.9%。长江流域和珠江流域劣 V 类断面比例较低，其他几个流域的劣 V 类断面比例较高。这表明中国几大流域的水资源环境保护和污染治理力度不同，流域水资源生态补偿的政策倾斜不同。流域涉及面积较广，流域水资源严重制约着社会、经济、文化等方面的发展。要通过实施流域水资源生态补偿，实现各流域协同发展。

南水北调等人工工程可以解决一个流域的用水困难问题，但同时也给原流域的生态环境、产业发展、人民生活造成影响，这就需要采取一定的流域水资源生态补偿措施，来平衡流域间的协同发展，也促进自然系统与社会系统的协同发展。

第三节　流域水资源生态补偿的制度需求

一、流域水资源生态补偿的法治化

流域水资源生态补偿机制应建立在法治化的基础上。加快制定和完善流域生态补偿的法律制度，使流域水资源生态补偿步入正规化、制度化、法治化轨道。中国尚没有国家层面的流域水资源生态补偿立法，各地的流域生态补偿实践多依据地方行政法规、政府文件、政府间协议而开展，这在一定程度上束缚了地方生态补偿实践的规模，也导致相关利益主体对于流域生态补偿机制的严肃性及合法性提出质疑。加快制定出台国家层面的生态补偿法律法规对于从根本上解决中国流域生态补偿实践法律依据不足的问题，确保政策延续性具有重要意义。目前各地的流域生态补偿实践普遍缺乏法律和政策依据，大多数是不同利益主体之间协商的结果，缺乏统一规范的管理体系、谈判机制和有效的监督激励制度。要加强流域生态保护立法，为实施流域水资源生态补偿提供法律依据。为了确保能长期稳定地通过政府间的财政转移支付，来加强对上游贫困地区生态环境保护的支持，也需要在法律上给予明确规定。制定专项流域生态保护法，对流域水资源开发与管理、流域生态环境保护与建设及流域生态环境投入与补偿的方针、政策、制度及措施进行统一的规定和协调。

虽然中国环境污染防治法律体系经过30多年的发展已经建设得相当完整，但是在流域水资源生态保护方面，法律法规仍存在缺位现象，尤其是在流域水资源生态补偿等新型管理模式这一块缺乏有效的法律支撑。目前，中国关于流域生态补偿的法律法规还不是很完善，特别是期盼已久的《生态补偿条例》还迟迟没有出台，导致相关利益者的权利责任不明了，以及补偿方式、补偿标准和补偿内容不确定。立法跟不上生态环境保护和建设的需要，只是在某些方面以政策的形式来调整，缺乏有效的法律支撑。针对流域水资源利用生态补偿所产生的纠纷，流域居民如果想通过诉讼来解决，也不能找到合理的法律规范予以支撑，因此，必须加快流域水资源利用生态补偿专项立法，不仅能规范流域水资源的利用，从根本上对纠纷的产生起到预警作用，而且能为纠纷的解决提供法律依据。立法不仅要从实体方面出发，也要在程序上加以保障，也应制定配套的生态补偿诉讼程序法。

二、流域水资源生态补偿的市场化

流域水资源生态补偿需要大量资金，在积极发挥政府规范和引领作用的同时，必须用好税收、价格、补偿、奖励等手段，充分发挥市场机制作用。

流域上下游水资源生态服务供需矛盾尖锐，应该发挥市场在资源配置中的基础性作用。下游对水质水量等要求较高，而上游为了追求经济利益开设工厂、砍伐森林、开荒坡地等行为加重了水质污染和水土流失，农药化肥的使用也造成了面源污染。下游为了获得优质水源或合适的水量等生态效益而考虑向上游支付一定的生态补偿费用，对上游生态保护形成激励机制，同时也可以通过协议形式对上游付费，要求上游按生态保护的要求进行生产。

加强流域水资源生态服务功能的宣传和教育，是生态补偿市场机制形成的必要条件。流域水资源生态服务功能具有外部性，上中游为服务的提供方，下游为服务的受益方，生态补偿市场机制的形成需要公众，尤其是生态服务受益方对流域水资源生态服务功能和价值的认识。产权是流域水资源生态服务功能形成的基本保证，流域土地和生态服务产权清晰，可以为买卖双方确定一个可以交易的平台，生态服务产权也可以通过在公共部门注册加以明晰。

随着中国市场化进程的逐步推进，市场补偿机制是中国流域水资源生态补偿机制的发展趋势。理顺价格税费，加快水价改革，全面实行非居民用水超定额、超计划累进加价制度，深入推进农业水价综合改革。完善收费政策，修订城镇污水处理费、排污费、水资源费征收管理办法，合理提高征收标准，做到应收尽收。健全税收政策。依法落实环境保护、节能节水、资源综合利用等方面税收优惠政策。提供流域水资源生态补偿服务平台，建立流域水资源生态补偿市场。可以在水资源费征收方面，附加征收水源地生态建设费，作为对上游水源地的补偿。

可以尝试通过市场化手段解决流域管理问题。例如成立流域自治公司，按照国家的相关规定，取得流域水资源产权，通过利用流域水资源生态系统提供的服务进行生产经营盈利，并为流域供应水资源，但也要负责流域污染治理。

建立水权交易市场，以市场为主导，地方政府和流域管理机构作为中介机构进行谈判，制定相应的交易规则，参考水资源市场价格进行补偿。设置流域周边产业用水限额，实行水权交易制度，既节约了用水，又可以促使流域周边产业主动向耗水量较少的环境友好型生产方式转变。这需要完善水权初始分配制度，合理配置初始水权，科学的初始水权配置是水权交易的基础和先决条件。可交易水权的初始分配要遵循总量控制与定额管理相结合的原则，但也要有一定的灵活性。交易水权初始分配应考虑流域水资源特点、降水量的丰增枯减等，适时调整，并非一成不变。另外，由于水资源的多元价值和多元属性，使得可交易水权初始分配不仅涉及水资源的市场流转，还关系到流域之间和流域内各行政区域之间政治、经济、社会等多方面的重大利益。因此，可以在初始水权配置过程中引入公众协商机制，以保障水权初始配置的公平性。确保水权交易市场的正常有序运行。

三、流域水资源生态补偿的组织化

中国还未建立专门的流域水资源利用生态补偿管理组织。虽然水利部为了便于流域管理成立派出机构长江水利委员会、黄河水利委员会等，并没有流域水资源利用生态补偿工作展开所需要的协调、监督、执法等相关权力。再加上目前法律法规赋予从中央到地方的各级环保、交通、水利、卫生、市政、农林等众多行政管理部门的监督管理权限，看似加强了水资源管理，但在实际操作中割裂了水资源的整体性和流域的自然特性，形成了流域与行政区域的条块分割，各有关管理部门各自为政。这直接导致各地区从本地利益出发最大限度地利用水资源，而没有考虑水资源的整体效益。应该成立一个专门的水资源管理及水资源生态补偿的管理机构，对流域水资源管理和水资源生态补偿进行统筹规划和布局。

根据博弈论，流域上、下游利益主体之间在针对流域水资源利用生态补偿合作进行谈判之时都会考虑以符合自己利益最优化的方式进行，由此进入了"囚徒困境"，但是由此达成的协议最后可能并不是最经济、最理想的，也有可能会选择放弃合作。但是在长期的利益交往过程中可能会逐渐形成一种妥协方案。但是这个方案的达成过程可能要花费数年甚至数十年的时间，在此过程中也有可能对水资源生态环境造成不可逆转的损害，这时引入社会中间层来协调上、下游之间的矛盾纠纷是非常重要的。社会中间层组织是指为政府干预市场，市场影响政府和市场主体之间相互联系起中介作用的，实行自愿和自治式运作，独立于政府主体和私人主体之外的组织机构。社会中间层的是以实现社会整体利益优化而设立的，对于流域来说，就是为了实现全流域利益共享而发挥作用，同时社会中间层的设立是具有独立性的民间组织，其活动、组织形式等不受政府和私人影响，并且具备一定的专业技能，能够接受专业性很强的社会活动。社会中间层组织通过搭建流域水资源利用生态补偿协商平台，使力量或地位不平等的利益主体都走上对话平台，经过中间一系列努力和沟通来解决双方之间存在的矛盾，最终达成共识。

第四节　制度要素的协同优化

一、建立统一协调的流域水资源生态补偿管理机构

目前中国没有专门的流域管理或者水资源生态补偿管理机构，在中央和地方设立专门的流域管理机构，对流域发展、水资源保护等进行统筹规划。以主要流域为单位建立流域水资源生态补偿管理机构，各地区可以成立流域管理办事处，辅助流域水资源生态补偿管理机构的各项工作。确定流域的尺度及流域生态补偿的各利益相关方即责任主体，在上一级环保部门的协调下，按照各流域水环境功能区划要求，建立流域环境协议，明确流域在各行政交界断面的水质要求，按水质情况确定补偿或赔偿的额度；按照上游生态保护投入和发展机会损失来测算流域生态补偿标准；选择适宜的生态补偿方式。

要从流域的整体性和关联性出发，以其自然特性为基础对流域进行统一管理，建立综合管理平台。同时也要注意对于流域不同区域要结合当地实际情况，处理好流域管理机构与地方部门以及利益主体之间的关系，也要适当注意权力下放，重视流域管理机构与政府职能部门的协调与监督，注重区际间以及部门间的合作与协调。流域管理机构也要分多个部门负责流域二级区的生态补偿工作。各部门对流域管理机构负责，同时加强部门与地方之间的合作、监督与协调工作。也要从法律上赋予流域生态补偿管理机构环境协调、监督、执法等相关权力，确保其补偿工作的权威性。

二、建立流域水资源生态补偿纠纷解决制度、上下游协商和仲裁制度

流域水资源生态补偿纠纷的解决制度应该是多元的，既包括完善司法诉讼制度，也包括完善协商、调解等非司法诉讼制度。主要分析建立以环境保护委员会为中心的多元环境纠纷解决制度，实现资源环境的可持续开发与利用。由于环境公益诉讼需要投入巨大的精力、时间、技术论证和诉讼费用，单靠个人的力量和作用是相当微小的，无法长期承担起环境公益保护的重任。所以，环境公益诉讼最主要的还是发挥公众整体力量和各种公益性组织、团体的作用。各流域的水利委员会作为流域环境保护的重要机构，有相对完善的人员、组织和资金。发挥流域环境保护委员会的优势对流域水资源生态补偿纠纷的解决将有重要作用。首先，在流域环境保护委员会内下设生态补偿纠纷解决部门，负责生态补偿纠纷的协调解纷工作。其次，扩大流域环境保护委员会为生态补偿纠纷的原告，参加生态补偿纠纷的司法诉讼。

上一级政府作为流域这一公共物品的买方或中间人，负责协调流域上下游之间的利益关系，为上下游流域生态保护搭建协商平台，对于大江大河流域，上下游的协商平台应该建立在国家生态安全的框架之下，充分考虑大江大河在全国的生态意义。对于中小流域，在中央政府的协商下，考虑到流域上游的生态功能，寻找流域上下游都可以接受的生态保护目标，共建协商平台。建立跨行政区流域环境保护仲裁制度。跨行政区域水污染纠纷，由上一级人民政府环境保护行政主管部门组织有关人民政府协商解决；协商不成时，纠纷任何一方可以报请流域水污染防治机构协调解决；当协调不能解决时，由纠纷一方或流域水污染防治机构报上一级人民政府裁决。因水污染引起的赔偿责任和赔偿金额纠纷，由有关各方协商解决，协商不成的，可以请求相关的环境保护行政主管部门调解或按有关法律程序裁决。

三、完善流域水资源生态补偿金融制度

流域水资源生态补偿是一个复杂的多元系统，是集区域发展、产业发展、主体发展及代际可持续发展等要素为一体的综合体，有必要实行倾斜性的金融制度，以促进区域之间、产业之间、主体之间以及代际之间的协调发展。

促进多元融资。引导社会资本投入，积极推动设立融资担保基金，推进环保设备融资租赁业务发展。推广股权、项目收益权、特许经营权、排污权等质押融资担保。采取环境绩效合同服务、授予开发经营权益等方式，鼓励社会资本加大水环境保护投入。增加政府资金投入，中央财政加大对属于中央事权的水环境保护项目支持力度，合理承担部分属于中央和地方共同事权的水环境保护项目，向欠发达地区和重点地区倾斜；研究采取专项转移支付等方式，实施"以奖代补"。地方各级人民政府要重点支持污水处理、污泥处置、河道整治、饮用水水源保护、畜禽养殖污染防治、水生态修复、应急清污等项目和工作。对环境监管能力建设及运行费用分级予以必要保障。

流域下游政府补偿资金来源于因水质的提高而使下游或受水区产出增加而额外增加的税收；更高一级政府的补偿资金则来源于由于流域水质的提高而使流域下游或受水区之外的其他受益人群产出增加而额外增加的税收。流域上游政府应该按照受损方的成本和贡献，将获得的补偿资金分配给受损方。政府还

可以通过政策优惠、税收减免、项目支持等方式对流域上游受损方实施间接补偿。

第五节　技术要素之间的协同优化

一、上游地区主要环保技术的推广和应用

流域上游地区要为中下游地区提供高质保量的水资源供应，需要进行产业结构调整，大力发展环保产业，减少对水资源的污染。对涉及环保市场准入、经营行为规范的法规、规章和规定进行全面梳理，废止妨碍形成全国统一环保市场和公平竞争的规定和做法。健全环保工程设计、建设、运营等领域招投标管理办法和技术标准。推进先进适用的节水、治污、修复技术和装备产业化发展。

环境技术促进了环保产业的形成和发展。从根本上说，技术的发展能够导致产业的形成、分化以及新兴产业的诞生。同样，环保产业的形成与环境技术的发展也是分不开的。环保技术如污染治理技术、洁净煤技术、新能源开发技术、资源综合利用技术得到了空前的发展，成为环保产业形成及发展的坚强后盾。环保技术促进了环保型经济发展方式向清洁生产、生态工业、生态农业和循环经济方式转变。

二、中游地区注重"生态节水"技术的应用

节水农业中的"生态节水"在提高水资源生态补偿效率方面运用的契合，特别是其运用"生物自身高效用水"的原理对于减少生态补偿所带来的"强制性"补偿问题的"造血式"良性解决注入新的活力。生物节水是发掘和利用植物的抗旱节水遗传潜力，在获取相同产量的条件下消耗较少水分，或在消耗相同

水分的条件下获得较高产量。生物节水理论与技术是国内外节水农业研究的一个新亮点，是作物自身高效用水的原理。生物节水理论下的"有限灌溉""合理施肥""化学调控""调整布局"和"培育高水分利用效率品种"等理论和应用技术对于未来中国流域水资源持续高效利用生态补偿政策设计有重要作用。

从国际总体趋势上看，农业节水发展的重点已经由输水过程节水和田间灌水过程节水转移到生物节水、作物精量控制用水以及节水系统的科学管理，并重视农业节水与生态环境保护的密切结合，这也代表了现代节水农业技术的发展趋势与方向。更加重视改良和利用作物的抗旱耐旱性及水分高效利用性，特别是通过认识作物抗旱、耐旱机理，筛选高 WUE（水分利用效率）作物品种，提高作物本身的节水潜力；注重开发利用植物和淀粉类物质合成生物类的高吸水物质；将工程措施、农业措施与管理措施有机结合，形成综合节水技术，并向标准化和智能化方向迈进。

三、下游地区注重研发水污染治理的前瞻技术

整合科技资源，通过相关国家科技计划（专项、基金）等，加快研发重点行业废水深度处理、生活污水低成本高标准处理、海水淡化和工业高盐废水脱盐、饮用水微量有毒污染物处理、地下水污染修复、危险化学品事故和水上溢油应急处置等技术。开展有机物和重金属等水环境基准、水污染对人体健康影响、新型污染物风险评价、水环境损害评估、高品质再生水补充饮用水水源等研究。加强水生态保护、农业面源污染防治、水环境监控预警、水处理工艺技术装备等领域的国际交流合作。

新技术、新工艺在污水处理的广泛应用，能够提高污水处理的效果，提升水质。但在实际的工程监理中，其也给监理人员带来了新的挑战。为了适宜这种新型技术、工艺的污水处理工程的施工需要，相关的监理人员应该创新思路方法，具体问题具体分析，从而达到理想的施工效果。

第六节　制度要素与技术要素之间的协同

一、以适度的政策倾斜为手段，实行多元化补偿方式

政策适当对上游地区倾斜，加强公共基础设施建设，加大技术支持和技术推广，改善教育环境，注重产业结构调整，促进当地生产发展。在国家宏观政策的指导下，结合地区实际情况，大力调整流域上下游地区的产业结构，将项目支持列为流域水资源生态补偿的重点。

上游地区一般是较为贫困的山区，经济发展落后，技术发展水平低。对这类地区应重点提供技术补偿和项目补偿。对受补偿者提供免费的技术咨询与指导，为受补偿地区或群体培养技术人才和管理人才，提高受补偿者的生产技能、技术含量和管理组织水平。减轻地区发展及保护的阻力。同时，补偿还包括为增进环保意识、提高环境保护水平而进行的科研和教育经费的支出。技术补偿则与智力补偿相结合，为技术欠发达地区提供先进的技术支持，扫除资源开发地区经济发展的障碍。一般主要是上游地区由于生态保护需要，不得不放弃一些效益好但污染较大的项目，从而影响经济的发展，下游地区则通过协商将一些无污染高科技项目等转让给上游地区，以弥补其放弃污染而导致的潜在利益的损失，以保证生态保护地区经济发展的可持续性。

二、以技术支持为手段，推进流域内的扶贫开发

扶贫开发包括两种方式。一种是目前已经开展的异地开发。下游地区给上游地区找到合适的发展空间，为贫困地区发展提供技术支持，共同开发，收益共享，为上游地区的发展建立起一种长效发展机制。异地开发流域水资源生态补偿就是下游地区为上游地区提供一块地，上游地区可以在这块地上实施国家和上级政府对上游地区实施的优惠政策，通过招商引资，来建立和发展自己的工业园区，以绕过由于水资源环境保护等原因给上游地区造成的经济发展方面的种种限制，从而实现经济发展和环境保护之间的协调。其原则和目标是公平、双赢、可持续。公平是指经济发展的公平和维护生态平衡的平等，同时也不是下游地区向上游直接地给钱给物，对于双方是对等的；双赢就是既包括上游地区和下游地区实现互利，也包括工业发展取得经济效益和生态效益双重目标；可持续是异地开发流域水资源生态补偿的最终目标，可持续发展可以简述为既满足当代人的需求又不对后代人的发展造成威胁，生态补偿维护了人与自然的和谐，对于人类发展的影响是可持续性的。

另一种是下游地区在上游地区的扶贫开发。根据上游地区的自然资源禀赋及优势，下游地区帮助上游地区探索开发环保产业，且下游地区主要提供技术帮助。环保产业的健康持续发展需要技术的支撑。上游地区由于经济发展比较落后，技术方面也非常欠缺，虽然拥有良好的自然资源禀赋，但如果进行一般形式的生产活动，可能会对流域水资源造成污染或过度利用，从而影响下游地区的水资源保质保量供应。下游地区经济比较发达，技术发展和应用较为成熟和先进，可以为上游地区的无污染发展提供大量的技术帮助，以实现上下游地区的协调发展。

第七节　多元利益主体的协同优化

一、发挥社区在流域水资源生态补偿中的载体作用

农村社区的产生是社会变迁、制度创新和组织变革的内在需要，是和谐社

会发展、社会利益协调的内生变量。农村社区在流域水资源生态补偿过程中能够有效地表达农民对于社会应给予发展损失一定补偿的利益需求，同时推动社会广泛关注流域水资源环境保护的社会公共问题。农村社区加速了农民和社会、农业和其他产业、农村和城市的连接，农村社区作为中介组织在不剥夺农户农业经济效益的基础上，将农户组织起来，让农民对于社会应给予发展损失一定补偿的呼声得到社会重视，通过农民联合实现规模效应，降低流域水资源效益生产成本和市场的交易费用，从而解决农民和社会、农业和其他产业、农村和城市在流域水资源效益分配中产生的利益冲突。

从农村发展的角度出发，把生态目标与经济目标结合起来。在生态补偿实施过程中，自然资源的使用权和管理权是前提条件。当农村社区拥有使用权和管理权时，生态补偿的实施策略应该与多途径改善农民生计联系在一起。因为赋权给当地社区，就意味着向贫困社区注入了财产，可以发挥农民的主观能动性，为提供环境服务产生激励作用。此外，扩大社区使用资源的渠道和权利，对社区的管理行为进行补偿，可以在改善社区生计的同时，保证环境服务的供给。

二、提高公众参与度，注重流域发展中的农民权益保护问题

为了使流域水资源利用生态补偿决策更加科学、民主，最大限度地保护各方利益，要充分发挥各利益相关方的作用，以避免因为流域水资源利用生态补偿管理机构权力过于集中导致的流域地方和公众参与积极性降低，使流域水资源生态补偿符合利益相关方的需求，提高流域水资源利用生态补偿效果。建立公共参与机制，对于流域水资源利用生态补偿的顺利开展有着重要的意义，特别是跨省流域水资源利用生态补偿。在补偿数额上可以广泛征求流域地区居民企业的意愿，对于具体使用何种方式进行补偿也应当听取受偿者的意见，因为他们是利益的最终落实者。同时建立社会公众参与机制，可以通过公众的参与提高水资源生态保护意识，促进公民自觉保护流域水资源生态环境，公民作为社会主体在生产生活中自觉保护生态环境，是解决生态环境问题的最有效、最直接的方式（李长健等，2009）。建立公众参与流域生态补偿的保障机制必须涵盖实体和程序两个方面。在公众参与流域水资源利用生态补偿管理实体方面，应该建立政府宏观调控、准市场运作、流域民主协商和用水户参与管理的运行模式，促使流域管理机构在进行流域管理的过程中，相关利益主体通过协商形式参与管理，充分发挥公众的监督权和参与权。在流域水资源利用生态补偿程序方面，要保障公众的知情权、异议权、申诉权等相关权利。流域水资源利用生态补偿管理机构要及时通过广播、传媒、报刊和网络等媒介向社会公众公布相关法规政策、污染状况等信息，同时培育相关利益代表组织，聘请相关专家参与论证，充分听取社会各界的意见，保证最后补偿决策的民主性和科学性，从而确保生态补偿工作的效果。

当前，以经济利益为中心的农民利益的矛盾与冲突问题日益突出。各市场主体为各自的利益纷纷展开对社会增量利益的争夺，这就需要利益协调，需要对利益争夺中处于弱势的农民及其权益进行特殊保护。利益协调的最主要方式是通过制度协调来实现，通过对人们之间利益关系的重新定位和对人们利益行为范围的确定和限制来实现利益协调（李长健，2005）。在流域水资源生态补偿中，上游地区大多是贫困落后的农村，为流域水资源保护作出了巨大贡献，并且牺牲了自身利用流域生态资源进行发展的机会，因此，在流域水资源生态补偿中，要发挥农民的主体性作用，并要特别注重维护农民权益，使其共享流域发展的利益。

第八章　结论与展望

第一节　研究结论

第一，中国流域水资源生态补偿未来的政策需求就是流域水资源生态补偿法制化、市场化、系统化、民主化、协同化。因为目前存在的主要问题包括流域水资源生态补偿法律供给不足，流域水资源生态补偿市场机制不健全，水资源生态补偿流域区域发展不协调，公众对流域水资源生态补偿的参与程度低，流域水资源生态补偿资金来源比较单一。

第二，流域水资源生态补偿的作用还有很大的提升空间，但是要更加注重流域协同发展和五元协同发展。经过实证分析得出，2005～2012年长江流域四节点城市的水资源生态补偿效率大体呈上升趋势，在五个维度层面中，生态效率最高，文化效率和政治效率相对较低。2012年宜宾市、宜昌市、九江市和镇江市的流域水资源生态补偿效率分别为0.237515、0.380154、0.348089、0.448914，效率值偏低，这说明长江流域水资源生态补偿的作用还有很大的提升空间。并且四节点城市流域水资源生态补偿效率的协调度在0.5左右，表明协调度较低。未来的政策需求是注重流域区域协同发展及五元协同发展。

第三，基于以上研究，从流域协同发展的角度提出制度要素协同、技术要素协同、制度与技术要素的协同、多元利益主体协同等对策，最终达到社会系统与自然系统的协同发展。主要包括：出台国家层面的流域水资源生态补偿立法，建立统一协调的流域水资源生态补偿管理机构、建立流域水资源生态补偿市场机制、建立流域上下游协商平台和仲裁制度、改革流域水资源生态补偿金融制度、推广生态节水技术的应用、根据流域的差异性实行不同的补偿方式组合、发挥社区在流域水资源生态补偿中的载体作用、发挥农民的主体性作用、注重农民权益保护、注重流域生态保护工程建设的延续性。最终使流域水资源生态补偿这一利益机制达到一种利益和谐的可持续协同发展。

第二节　研究展望

第一，流域水资源利用生态补偿在中国还只是处于起步阶段，却是一个牵涉面非常广泛、意义重大的现实课题，要深入研究的方面还很多。虽然近年来中国地方政府在流域水资源利用生态补偿方面展开了实践探索，但是没有统一的流域生态补偿制度来进行指引，绝大部分地方出台的相应流域生态补偿政策缺乏法律支撑，补偿的理论基础和技术方法支撑不够，没有统一的补偿标准计算方法，补偿的配套和保障措施也不到位，严重制约了中国流域生态补偿工作的开展。亟须建立统一的利益生态补偿制度，出台流域水资源生态补偿立法，探索统一的补偿标准计算方法，完善流域水资源生态补偿金融制度、水资源生态补偿矛盾纠纷化解制度等配套制度措施，以保障流域水资源的持续发展。

第二，在流域水资源利用生态补偿的以后研究中，将如何从多角度出发的深化流域水资源利用生态补偿的理论研究，如何为生态补偿标准的确立提供科学的计算方法，如何管理和科学规划流域水资源利用生态补偿工作，如何更好地帮助补偿区域和受偿区域实现共赢和利益最大化，如何做好生态补偿的一系列配套和保障工作等作为重点研究对象，从而实现流域水资源利用生态补偿的可持续健康发展。

第三，随着中国流域水资源生态补偿制度的不断完善，流域水资源生态补偿效率测度指标体系也需要不断完善，以便更加准确地对流域水资源生态补偿效率进行测度。在新制度的执行中会遇到不同的问题，需要去分析解决，从而使制度不断完善，以促进流域的健康持续协同发展。

参考文献

[1] 蔡邦成，陆根法，宋莉娟，刘庄．生态建设补偿的定量标准——以南水北调东线水源地保护区一期生态建设工程为例［J］．生态学报，2008（5）：2413－2416.

［2］蔡邦成，温林泉，陆根法．生态补偿机制建立的理论思考［J］．生态经济，2005（1）：47－50.

［3］陈国安．从"公地的悲剧"看我国自然资源管理方式的转变［J］．科技进步与对策，2002，19（8）：128－129.

［4］陈慧，刘傅王．关于生态补偿中保护成本的研究［J］．中国人口·资源与环境，2015（3）．

［5］陈家琦等．水资源学［M］．北京：科学出版社，2002.

［6］陈子燊，黄强，刘曾美．变化环境下西江北江枯水流量联合分布分析［J］．水科学进展，2015（1）：20－26.

［7］崔广平．我国流域生态补偿立法思考［J］．环境保护，2011（1）：36－38.

［8］邓晓军，许有鹏，翟禄新，刘娅，李艺．城市河流健康评价指标体系构建及其应用［J］．生态学报，2014（4）：993－1001.

［9］邓远建，肖锐，严立冬．绿色农业产地环境的生态补偿政策绩效评价［J］．中国人口·资源与环境，2015（1）：120－126.

［10］冯慧娟等．流域环境经济学：一个新的学科增长点［J］．中国人口·资源与环境，2010，20（3）：242－244.

［11］傅晓华，赵运林．湘江流域水权交接生态补偿的路径研究［J］．中南林业科技大学学报（社会科学版），2015（1）：1－6.

［12］高辉，姚顺波．基于 NSE 方法的生态补偿标准理论模型研究［J］．河南社会科学，2014（12）：11－15.

［13］高文军，郭根龙，石晓帅．基于演化博弈的流域生态补偿与监管决策研究［J］．环境科学与技术，2015（1）：183－187.

［14］刘保晓，李靖，徐华清．美国温室气体清单编制及排放数据管理［N］．21 世纪经济报道，2015－01－12018.

［15］韩洪霞，张式军．我国生态补偿法律保障机制的构建［J］．青岛农业大学学报（社会科学版），2008（1）：63－67.

［16］宏观经济研究院国地所课题组，贾若祥，高国力．横向生态补偿的实践与建议［J］．宏观经济管理，2015（2）：46－49.

［17］胡振鹏等．水资源产权配置与管理［M］．北京：科学出版社，2003.

［18］黄初龙，章光新，杨建锋．中国水资源可持续利用评价指标体系研究进展［J］．资源科学，2006（2）：33－40.

［19］黄飞雪．生态补偿的科斯与庇古手段效率分析——以园林与绿地资源为例［J］．农业经济问题，2011（3）：92－97＋112.

［20］靳乐山，李小云，左停．生态环境服务付费的国际经验及其对中国的启示［J］．生态经济，2007（12）：156－158＋163.

［21］靳乐山，甄鸣涛．流域生态补偿的国际比较［J］．农业现代化研究，2008（2）：185－188.

［22］孔凡斌．生态补偿机制国际研究进展及中国政策选择［J］．中国地

质大学学报（社会科学版），2010，10（3）：1-6.

　　[23] 黎元生，胡熠．闽江流域区际生态受益补偿标准探析 [J]．农业现代化研究，2007（3）：327-329.

　　[24] 李森，丁宏伟，何佳，徐晓梅．昆明市清水海水源保护区生态补偿机制探讨 [J]．环境保护科学，2015：126-131.

　　[25] 李玲玲，李长健．农村社区发展推动农民权益保护绩效评价体系研究——基于 PSR 模型的分析 [J]．华中农业大学学报（社会科学版），2013（3）：109-117.

　　[26] 李文华，李世东，李芬，刘某承．森林生态补偿机制若干重点问题研究 [J]．中国人口·资源与环境，2007（2）：13-18.

　　[27] 李文华．生态系统服务功能价值评估的理论、方法与应用 [M]．北京：中国人民大学出版社，2008.

　　[28] 李潇，李国平．信息不对称下的生态补偿标准研究——以禁限开发区为例 [J]．干旱区资源与环境，2015（5）：12-17.

　　[29] 李晓光，苗鸿，郑华，欧阳志云，肖燚．机会成本法在确定生态补偿标准中的应用——以海南中部山区为例 [J]．生态学报，2009（9）：4875-4883.

　　[30] 李雪松，李婷婷．南水北调中线工程水源地市场化生态补偿机制研究 [J]．长江流域资源与环境，2014（S1）：66-72.

　　[31] 李云驹，许建初，潘剑君．松华坝流域生态补偿标准和效率研究 [J]．资源科学，2011（12）：2370-2375.

　　[32] 李长健．论农民权益的经济法保护——以利益与利益机制为视角 [J]．中国法学，2005（3）：120-134.

　　[33] 李长健．中国农业补贴法律制度研究——以生存权与发展权平等为中心 [D]．武汉大学，2008.

［34］李长健. 中国农村矛盾化解机制研究［M］. 北京：人民出版社，2013.

［35］李长健，李昭畅，曹俊. 论我国农村水资源保护的制度和谐——农村社区与"制度市场"的理论耦合［Z］. 2008 年全国环境资源法学研讨会论文集：183 – 188.

［36］李长健，邵江婷，董芳芳. 农民权益保护视角下的农业生态补偿法律研究［J］. 农业现代化研究，2008（5）：554 – 558.

［37］李长健，邵江婷，阮晓毅. 完善我国农业生态补偿法律制度——以建设环境友好型社会为契机［J］. 吉首大学学报（社会科学版），2009（4）：128 – 131.

［38］廖小平. 流域生态补偿的价值追求与机制构建——以湘江流域生态补偿为例［J］. 求索，2014（11）：41 – 44.

［39］林黎阳，许丽忠，胡军，等. 基于条件价值法的行业生态补偿标准的确定——以福建省宁德市石材行业生态补偿为例［J］. 环境科学学报，2014（1）：259 – 264.

［40］刘春腊，刘卫东，徐美. 基于生态价值当量的中国省域生态补偿额度研究［J］. 资源科学，2014（1）：148 – 155.

［41］刘菊，傅斌，王玉宽，陈慧. 关于生态补偿中保护成本的研究［J］. 中国人口·资源与环境，2015（3）：43 – 49.

［42］刘世强. 中国流域生态补偿实践综述［J］. 求实，2011（3）：49 – 52.

［43］卢洪友，杜亦嫚，祁毓. 生态补偿的财政政策研究［J］. 环境保护，2014（5）：23 – 26.

［44］罗玉峰，郑强，彭世彰，毛怡雷. 基于 GIS 的区域潜水蒸发计算［J］. 水利学报，2014（1）：79 – 86.

［45］骆正清，杨善林．层次分析法中几种标度的比较［J］．系统工程理论与实践，2004（9）：51－60.

［46］吕星，李和通，武艳丽．关于流域的可持续管理探讨——流域生态服务补偿［J］．林业经济，2007（12）：70－72.

［47］聂倩，匡小平．完善我国流域生态补偿模式的政策思考［J］．价格理论与实践，2014（10）：51－53.

［48］曲富国，孙宇飞．基于政府间博弈的流域生态补偿机制研究［J］．中国人口·资源与环境，2014（11）：83－88.

［49］任勇，俞海，冯东方．生态补偿机制的概念需界定［N］．中国环境报，2006－09－15003.

［50］邵超峰，鞠美庭．基于DPSIR模型的低碳城市指标体系研究［J］．生态经济，2010（10）：95－99.

［51］申志东．运用层次分析法构建国有企业绩效评价体系［J］．审计研究，2013（2）：106－112.

［52］史恒通，赵敏娟．基于选择试验模型的生态系统服务支付意愿差异及全价值评估——以渭河流域为例［J］．资源科学，2015（2）：351－359.

［53］宋煜萍．长三角生态补偿机制中的政府责任问题研究［J］．学术界，2014（10）：165－173＋311.

［54］谭秋成．资源的价值及生态补偿标准和方式：资兴东江湖案例［J］．中国人口·资源与环境，2014（12）：6－13.

［55］唐润等．政府规制下的水权拍卖问题研究［J］．资源科学，2011，33（10）：1883－1889.

［56］王敏，肖建红，于庆东，刘娟．水库大坝建设生态补偿标准研究——以三峡工程为例［J］．自然资源学报，2015（1）：37－49.

［57］王刚，张诚，程兵芬，刘少华，严登华．变化环境下我国流域水资

源管理的若干思考［J］．水电能源科学，2011，29（12）：8－12．

［58］王勇，肖洪浪，邹松兵，李彩芝，任娟，陆明峰．基于可计算一般均衡模型的张掖市水资源调控模拟研究［J］．自然资源学报，2010（6）：959－966．

［59］王原，陆林，赵丽侠．1976～2007年纳木错流域生态系统服务价值动态变化［J］．中国人口·资源与环境，2014（S3）：154－159．

［60］翁白莎，严登华．变化环境下中国干旱综合应对措施探讨［J］．资源科学，2010（2）：309－316．

［61］吴琼，王如松，李宏卿，徐晓波．生态城市指标体系与评价方法［J］．生态学报，2005（8）：2090－2095．

［62］吴舜泽，杨文杰，赵越，等．新安江流域水环境补偿的创新与实践［J］．环境保护，2014（5）：30－33．

［63］夏禹龙，刘吉，冯之浚，张念椿．梯度理论和区域经济［J］．科学学与科学技术管理，1983（2）：5－6．

［64］肖建红，王敏，于庆东，刘娟．基于生态足迹的大型水电工程建设生态补偿标准评价模型研究——以三峡工程为例［J］．生态学报，2015（8）．

［65］熊鹰，谢更新，曾光明，王克林，杨春华．喀斯特区土地利用变化对生态系统服务价值的影响——以广西环江县为例［J］．中国环境科学，2008（3）：210－214．

［66］徐大伟，李斌．基于倾向值匹配法的区域生态补偿绩效评估研究［J］．中国人口·资源与环境，2015（3）．

［67］于丽英，冯之浚．城市循环经济评价指标体系的设计［J］．中国软科学，2005（12）：44－53．

［68］俞海，任勇．流域生态补偿机制的关键问题分析——以南水北调中

线水源涵养区为例［J］. 资源科学，2007（2）：28–33.

［69］袁伟彦，周小柯. 生态补偿问题国外研究进展综述［J］. 中国人口·资源与环境，2014（11）：76–82.

［70］张春玲等. 水资源恢复的补偿理论与机制［M］. 郑州：黄河水利出版社，2006.

［71］张方圆，赵雪雁. 基于农户感知的生态补偿效应分析——以黑河中游张掖市为例［J］. 中国生态农业学报，2014（3）：349–355.

［72］张志强，徐中民，程国栋，苏志勇. 黑河流域张掖地区生态系统服务恢复的条件价值评估［J］. 生态学报，2002（6）：885–893.

［73］张志强，徐中民，程国栋. 生态系统服务与自然资本价值评估［J］. 生态学报，2001（11）：1918–1926.

［74］章锦河，张捷，梁玥琳，李娜，刘泽华. 九寨沟旅游生态足迹与生态补偿分析［J］. 自然资源学报，2005（5）：735–744.

［75］赵春光. 流域生态补偿制度的理论基础［J］. 法学论坛，2008（4）：90–96.

［76］赵同谦，欧阳志云，王效科，苗鸿，魏彦昌. 中国陆地地表水生态系统服务功能及其生态经济价值评价［J］. 自然资源学报，2003（4）：443–452.

［77］赵雪雁. 生态补偿效率研究综述［J］. 生态学报，2012（6）：1960–1969.

［78］赵银军，魏开湄，丁爱中，李爱花. 流域生态补偿理论探讨［J］. 生态环境学报，2012（5）：963–969.

［79］郑海霞，张陆彪，涂勤. 金华江流域生态服务补偿支付意愿及其影响因素分析［J］. 资源科学，2010（4）：761–767.

［80］郑海霞. 中国流域生态服务补偿机制与政策研究［M］. 北京：中

国经济出版社，2010.

［81］郑华，欧阳志云，赵同谦，李振新，徐卫华. 人类活动对生态系统服务功能的影响［J］. 自然资源学报，2003（1）：118 - 126.

［82］中国 21 世纪议程管理中心. 生态补偿原理与应用［M］. 北京：社会科学文献出版社，2009.

［83］中国生态补偿机制与政策研究课题组. 中国生态补偿机制与政策研究［M］. 北京：科学出版社，2007.

［84］周大杰，桑燕鸿，李惠民，万宝春. 流域水资源生态补偿标准初探——以官厅水库流域为例［J］. 河北农业大学学报，2009（1）：10 - 13 + 18.

［85］宗臻玲等. 长江上游地区生态重建的经济补偿机制探析［J］. 长江流域资源与环境，2001，10（1）：22 - 27.

［86］Albrecht M, Schmid B, Obrist MK, et al. Effects of ecological compensation meadows on arthropod diversity in adjacent intensively managed grassland ［J］. Biological Conservation, 2010, 143（3）：642 - 649.

［87］Alix - Garcia J, de Janvry A, Sadoulet E. The role of deforestation risk and calibrated compensation in designing payments for environmental services ［J］. Environment and Development Economics, 2008, 13：375 - 394.

［88］Alix - Garcia J, de Janvry A, Sadoulet E. The role of risk in targeting payments for environmental services ［J］. Social Science Research Network（SSRN），2005.

［89］Amacher G S, Ollikainen M and Uusivuori J. Forests and ecosystem services：Outlines for new policy options ［J］. Forest Policy and Economics, 2014, 47：1 - 3.

［90］Baird J, Belcher K W and Quinn M. Context and capacity：The potential for performance – based agricultural water quality policy [J]. Canadian Water Resources Journal. 2014, 39: 421 – 436.

[91] Baylis K, et al. Agri – environmental policies in the EU and United States: a comparison [J]. Ecological economics, 2008, 65: 753 – 764.

[92] Becker H, Tonova D, Sundermann M, et al. Design and realization of advanced multi – index systems [J]. Applied Optics, 2014, 53 (4): A88 – A95.

[93] Begossi A, May PH, Lopes PF, et al. Compensation for environmental services from artisanal fisheries in SE Brazil: Policy and technical strategies [J]. Ecological Economics, 2011, 71: 25 – 32.

[94] BenDor T, Sholtes J, Doyle MW. Landscape characteristics of a stream and wetland mitigation banking program [J]. Ecological Applications, 2009, 19 (8): 2078 – 2092.

[95] BenDor T, Stewart A. Land Use Planning and Social Equity in North Carolina's Compensatory Wetland and Stream Mitigation Programs [J]. Environmental Management, 2011, 47 (2): 239 – 253.

[96] Bennett E. M., Peterson G. D., Levitt E. A.. Looking to the future ecosystem services [J]. Ecosystems, 2005, 8, 125 – 132.

[97] Burgio G, Lanzoni A, Navone P, et al. Parasitic Hymenoptera fauna on agromyzidae (Diptera) colonizing weeds in ecological compensation areas in northern Italian agroecosystems [J]. Journal of Economic Entomology, 2007, 100 (2): 298 – 306.

[98] Caviglia – Harris J. L. Kahn J. R. Green T. Demand – side policies for environmental protection and sustainable usage of renewable resources [J]. Ecological Economics, 2003, 45 (1): 119 – 132.

［99］ Chandrakanth M G and Nagaraja M G. Payment for ecosystem services for water – case of Cauvery ［J］. Current Science. 2014, 107: 1375 – 1376.

［100］ Collins AR, Maille P. Group decision – making theory and behavior under performance – based water quality payments ［J］. Ecological Economics, 2011, 70 (4): 806 – 812.

［101］ Costanza R, d. Arge R, de Groot R, et al. The value of the world ecosystem services and natural capital ［J］. Nature, 1997, 387: 253 – 260.

［102］ Del Saz – Salazar S, Hernandez – Sancho F, Sala – Garrido R. The social benefits of restoring water quality in the context of the Water Framework Directive: A comparison of willingness to pay and willingness to accept ［J］. Science of the Total Environment, 2009, 407 (16): 4574 – 4583.

［103］ Dinar S. Assessing side – payment and cost – sharing patterns in international water agreements: The geographic and economic connection ［J］. Political Geography, 2006, 25 (4): 412 – 437.

［104］ Engel S, Pagiola S, Wunder S. Designing payments for environmental services in theory and practice: an overview of the issues ［J］. Ecological Economics, 2008, 65 (4): 663 – 674.

［105］ Ferraro P J, Pattanayak S K. Money for nothing? A call for empirical evaluation of biodiversity conservation investments ［J］. PLoS Biology, 2006, 4 (4): e105 – e105.

［106］ Gebauer H and Saul C J. Business model innovation in the water sector in developing countries ［J］. Science of the Total Environment. 2014, 488: 516 – 524.

［107］ Goldman – Benner RL, Benitez S, Boucher T, et al. Water funds and payments for ecosystem services: practice learns from theory and theory can learn from practice [J]. Oryx, 2012, 46 (1): 55 –63.

[108] Hamid ZA, Musirin I. Optimal Fuzzy Inference System incorporated with stability index tracing: An application for effective load shedding [J]. Expert Systems with Applications, 2014, 41 (4): 1095 –1103.

[109] Hoyer R and Chang H J. Assessment of freshwater ecosystem services in the Tualatin and Yamhill basins under climate change and urbanization [J]. Applied Geography. 2014, 53: 402 –416.

[110] Jackson R. B., Carpenter S. R., Dahm C. N., McKnight D. M., Naiman R. J., Postel S. L., Running, S. W. Water in a changing world [J]. Ecol. 2001, 11: 1027 –1045.

[111] Jahrl I, Rudmann C, Pfiffner L, et al. Motivations for the implementation of ecological compensation areas [J]. Agrarforschung Schweiz, 2012, 3 (4): 208 –215.

[112] Jain S K and Kumar P. Environmental flows in India: towards sustainable water management [J]. Hydrological Sciences Journal – Journal Des Sciences Hydrologiques. 2014, 59: 751 –769.

[113] Jourdain D, Boere E, van den Berg M et al. Water for forests to restore environmental services and alleviate poverty in Vietnam: A farm modeling approach to analyze alternative PES programs [J]. Land Use Policy. 2014, 41: 423 –437.

[114] Junge X, Lindemann – Matthies P, Hunziker M, et al. Aesthetic preferences of non – farmers and farmers for different land – use types and proportions of ecological compensation areas in the Swiss lowlands [J]. Biological Conservation, 2011, 144 (5): 1430 –1440.

[115] Kauffman C M. Financing watershed conservation: Lessons from Ecuador's evolving water trust funds [J]. Agricultural Water Management. 2014, 145:

39 – 49.

[116] Kenneth M Chomitz, Keith Alger, Timothy S Thomas, et al. Opportunity costs of conservation in a biodiversity hostspot: The case of southern Bahia Envrionment and Development Economics [M]. Cambridge University Press, 2005, 10: 293 – 312.

[117] Levrel H, Pioch S, Spieler R. Compensatory mitigation in marine ecosystems: Which indicators for assessing the "no net loss" goal of ecosystem services and ecological functions? [J]. Marine Policy, 2012, 36 (6): 1202 – 1210.

[118] Lopa D, Mwanyoka I, Jambiya G, et al. Towards operational payments for water ecosystem services in Tanzania: a case study from the Uluguru Mountains [J]. Oryx, 2012, 46 (1): 34 – 44.

[119] Lu Y and He T. Assessing the effects of regional payment for watershed services program on water quality using an intervention analysis model [J]. Science of the Total Environment. 2014, 493: 1056 – 1064.

[120] M A (Millennium Ecosystem Assessment), Ecosystem and Human Well being: Synthesis 1 Washington: Island Press, 2005. 5.

[121] Mahieu PA, Riera P, Giergiczny M. Determinants of willingness – to – pay for water pollution abatement: A point and interval data payment card application [J]. Journal of Environmental Management, 2012, 108: 49 – 53.

[122] Maille P, Collins AR, Gillies N. Performance – based payments for water quality: Experiences from a field experiment [J]. Journal of Soil and Water Conservation, 2009, 64 (3): 85A – 87A.

[123] Maille P, Collins AR. An index approach to performance – based payments for water quality [J]. Journal of Environmental Management, 2012, 99: 27 – 35.

[124] Manthrithilake H, Liyanagama BS. Simulation model for participatory decision making: water allocation policy implementation in Sri Lanka [J]. Water International, 2012, 37 (4): 478 – 491.

[125] Margules C R, Pressey R L, Systematic conservation planning [J]. Nature, 2000, 405: 243 – 253.

[126] Maynard Cm, Lane Sn. Reservoir Compensation Releases: Impact On The Macroinvertebrate Community Of The Derwent River, Northumberland, Uk – A Longitudinal Study [J]. River Research and Applications, 2012, 28 (6): 692 – 702.

[127] Meineri E, Deville AS, Gremillet D, et al. Combining correlative and mechanistic habitat suitability models to improve ecological compensation [J]. Biological Reviews, 2015, 90 (1): 314 – 329.

[128] Morris J, Gowing D J G, Mills J, Dunderdale J A L. Reconciling agricultural economic and environmental objectives: the case of recreating wetlands in the Fenland area of eastern England [J]. Agriculture, Ecosystems and Environment, 2000, 79 (2/3): 245 – 257.

[129] Moss AR, Lansing SA, Tilley DR, et al. Assessing the sustainability of small – scale anaerobic digestion systems with the introduction of the emergy efficiency index (EEI) and adjusted yield ratio (AYR) [J]. Ecological Engineering, 2014, 64: 391 – 407.

[130] Mubako S, Lahiri S and Lant C. Input – output analysis of virtual water transfers: Case study of California and Illinois [J]. Ecological Economics. 2013, 93: 230 – 238.

[131] Mugabi J, Kayaga S. Attitudinal and socio – demographic effects on willingness to pay for water services and actual payment behaviour [J]. Urban Wa-

ter Journal, 2010, 7 (5): 287 – 300.

[132] Pagiola S, Rios, A. R. , Arcenas, A. . Payments for environmental services in Costa Rica. Ecological Economics, 2008, 65 (4): 712 –724.

[133] Pagiola S. Assessing the Efficiency of Payments for Environmental Services Programs: a framework for analysis [M] . Washington DC: WorldBank, 2005.

[134] Pagiola S. Payments for environmental services in Costa Rica [J] . Ecological Economics, 2008, 65 (4): 712 –724.

[135] Pettenella D, Vidale E, Gatto P, et al. Paying for water – related forest services: a survey on Italian payment mechanisms [J] . Iforest – Biogeosciences and Forestry, 2012, 5: 210 –215.

[136] Prased. B. C. The theory of property rights, economic development, good governance and the environment [J] . International Journal of Social Eco – nomics, 2003, 30 (6) : 741 –762.

[137] Price ARG, Donlan MC, Sheppard CRC, et al. Environmental rejuvenation of the Gulf by compensation and restoration [J] . Aquatic Ecosystem Health & Management, 2012, 15: 7 –13.

[138] Rao H, Lin C, Kong H, et al. Ecological damage compensation for coastal sea area uses [J] . Ecological Indicators, 2014, 38: 149 –158.

[139] Rigo M, Preto N, Roghi G, et al. A rise in the Carbonate Compensation Depth of western tethys in the Carnian (Late Triassic): Deep – water evidence for the Carnian pluvial event [J] . Palaeogeography Palaeoclimatology Palaeoecology, 2007, 246 (2 –4): 188 –205.

[140] Rodriguez LC, Henson D, Herrero M, et al. Private farmers' compensation and viability of protected areas: the case of Nairobi National Park and Kitenge-

la dispersal corridor [J]. International Journal of Sustainable Development and World Ecology, 2012, 19 (1): 34 –43.

[141] Roger Claassena, Andrea Cattaneo, Robert Johansson. Cost effective design of agri environmental payment programs: US experience in theory and practice [J]. Ecological Economics, 2008, 65 (4): 737 –752.

[142] Schiappacasse I, Nahuelhual L, Vasquez F, et al. Assessing the benefits and costs of dryland forest restoration in central Chile [J]. Journal of Environmental Management, 2012, 97: 38 –45.

[143] Sierra R, Russman E. On the efficiency of environmental service payments: a forest conservation assessment in the Osa Peninsula, Costa Rica [J]. Ecological Economics, 2006, 59 (1): 131 –141.

[144] Sisto NR. Environmental flows for rivers and economic compensation for irrigators [J]. Journal of Environmental Management, 2009, 90 (2): 1236 – 1240.

[145] Smiljanic MM, Jovic V, Lazic Z. Maskless convex corner compensation technique on a (100) silicon substrate in a 25 wt% TMAH water solution [J]. Journal of Micromechanics and Microengineering, 2012, 22 (11).

[146] Tang Z, Shi YL, Nan ZB, et al. The economic potential of payments for ecosystem services in water conservation: a case study in the upper reaches of Shiyang River basin, northwest China [J]. Environment and Development Economics, 2012, 17: 445 –460.

[147] Turpie JK, Marais C, Blignaut JN. The working for water programme: Evolution of a payments for ecosystem services mechanism that addresses both poverty and ecosystem service delivery in South Africa [J]. Ecological Economics, 2008, 65 (4): 788 –798.

［148］ Vasquez W F. Willingness to pay and willingness to work for improvements of municipal and community – managed water services. Water Resources Research ［J］. 2014, 50: 8002 –8014.

［149］ Wnscher T, Engel S, Wunder S. Spatial targeting of payments for environmental services: A tool for boosting conservation benefits ［J］. Ecological Economics, 2008, 65 (4): 822 –833.

［150］ Wunder S. Payments for environmental services: some nuts and bolts. CIFOR Occasional Paper, No 42. Bogor: Center for International Forestry Research, 2005: 3 –8.

［151］ Xie SX, Jiang GC, Chen M, et al. Evaluation Indexes of Environmental Protection and a Novel System for Offshore Drilling Fluid ［J］. Petroleum Science and Technology, 2014, 32 (4): 455 –461.

［152］ Xu LY, Yu B, Li Y. Ecological compensation based on willingness to accept for conservation of drinking water sources ［J］. Frontiers of Environmental Science & Engineering, 2015, 9 (1): 58 –65.

［153］ Young RG, Collier KJ. Contrasting responses to catchment modification among a range of functional and structural indicators of river ecosystem health ［J］. Freshwater Biology, 2009, 54 (10): 2155 –2170.

［154］ Zhao C W, Wang S J. Benefits and standards of ecological compensation: international experiences and revelations for China ［J］. Geographical Research, 2010, 29 (4): 597 –606.

［155］ Zhong F L, Xu Z M, Li X W. Theory and practice of the ecological compensation financial program in America ［J］. Research of Finance and Accounting, 2009, (18): 12 –19.